臺上臺下

Fashion Week

從搶秀票到 After Party，時尚產業「哇」聲幕後的商機與心機

著

Contents

編註：書中各項資訊、數據統計更新至 2019 年 6 月。

一眼冷靜、一眼熱情的時尚凝視

李明璁 | 社會學家，作家

「透過衣服的剪裁，史無前例地詮釋並展現著身體。布料與身體間有著妙不可言的空氣感，像要展示著什麼但又如此含蓄，這感覺難以言喻。我看著秀，舉目望去的一切都是嶄新⋯⋯我不知道是什麼樣的強大力量，抓住了我的心，我只能試著去理解這樣的感覺來自何處。」

這段話，來自一位名叫 Irène Silvagni 的時尚編輯，於 1981 年山本耀司在巴黎時裝週初登場後，速記下來的心得，後來被收錄在山本的自傳《山本耀司：My Dear Bomb》（Yohji 的確是對這個世界，革命性地投下了一枚「親愛的炸彈」啊）。當我讀到秀哖在本書開頭，提及人生初次參加米蘭時裝週的衝擊感受，我立即聯想到這個心神蕩漾的描述。

即便已有十多年各大時裝週的參戰經驗，我猜想秀吽每次前往新一季走秀現場，內心還是難免澎湃期待，想著自己能否見證世上再次出現任何「親愛的炸彈」。正是這般永難忘懷的沸騰初心，為她拚命三郎似的總編生涯，持續打氣。

　　而除了一以貫之的熱情，這本書同時也展現了平衡感絕佳的冷靜旁觀。畢竟時尚競技舞臺，從來就不只展示美麗眩目的花拳繡腿，更到處充滿實質性的商機搏鬥，與各種象徵性的心機角力。如果沒有「入乎其內，出乎其外」，時而深鑽、時而抽離的硬底子研究功夫，總編如何引領廣大讀者，解析時尚瞬息萬變（抑或百年不變）的密碼？！

　　謝謝秀吽鉅細靡遺地寫下她對時尚無比的熱情、與無欲的冷靜，於是我們好像可以試著回答那位心神蕩漾的看秀編輯，如何能夠理解那股強大抓住人心的力量。

一起在時尚的世界肆意遊玩

陳庭妮 | 演員

即使現在角色轉變了，但我依舊永遠記得，第一次走上秀場，心中的那種震撼緊張，以及燈光音響帶給我費洛蒙噴發的感覺。那是十年前，臺北還會辦大秀的時期，猶記得秀後回到後臺，我的心跳好快，一部分當然是來自於緊張，但我想源頭是因為 Runway 真的好長好長。

走在上面的自己，腦筋一片空白，只能一直在心中對自己尖叫：「這難得的機會，你千萬不可以跌倒知道嗎！」

自從那次經驗後，意猶未盡的我，每年年初習慣為自己寫下的「今年願望」裡面一定會有：希望今年可以去四大時裝週走秀，與希望能夠到時裝週親眼目睹時尚最前線帶給我的震撼。

幾年過去了，每次遇到品牌公關或雜誌編輯，他們都會說：「等我回來約噢，我要到時裝週出差。」每每我都會張開我的嘴與雙眼，圓圓的嘴形外加圓圓羨慕的眼神，吐出：「好好噢！」三個字，而得到的回應大多都是：「很好啊，但回來身體都累得不是自己的了。」我都在想：「哼，才不管有多累，一定要親自走過才罷休。」而這個願望終於被我盼到，而且兩個一次達成。在那為期一個禮拜的 fashion week 裡，我就像是裝了鹼性電池一樣，捨不得閉上眼睛，過程中也甚少拿起手機拍照錄影，因為我始終覺得，就是要透過眼睛用瞳孔拍下看到的所有東西，把它們印到腦海中，那才會是永遠屬於我的回憶。

　　而命運真的很有趣，我人生走的第一場大秀是 Chloé，人生親眼第一場在巴黎看的大秀也是 Chloé，就因為這樣，多愁善感的我，在那場秀上因為燈光音響、服裝設計的催化下，想起這屬於我自己的回憶，感動得偷偷哭了，這是我與時尚相隔十年的兩個第一次親密接觸，帶給我的感動從不只是奢侈美麗的華服，更多的是各藝術專業

單位為了那 15 分鐘做足努力的快感與感動，常常有人問我說，時尚對我來說是什麼？我想這就是我的答案。

專業與藝術集結的象徵，年輕的我深深地這麼相信著，直到某次，我又回到了時裝週，參加了私人晚宴，當天坐在我隔壁的是赫赫有名的時尚圈頂尖人物，在閒聊的過程中，我問他：「what does fashion mean to you?」他很簡單的回答我說：「business.」

OMG！就這樣嗎？在時尚圈金字塔頂端生活著的他，我期待著他會像讀書會般跟我分享他幾年來我感受不到的觀點，沒有！他很冷靜的回答我「商機」。我想，沒錯，這是場震撼教育，但也是時候該拿掉濾鏡，重新認識認識究竟時尚是怎麼一回事了。謝謝秀哞，花了好長的時間嘔心瀝血完成了這本作品，我藏在心中很多的疑問，甚至言不及義的心之俳句，都在這本書中得到解答。

時代在變，當然時尚圈也會經歷跨世紀的變動，但很刺激的是，我們身處在這轉捩點中，下一秒會怎麼發展不得而知，唯一能做且最重要的就是，張開雙手，一起在時尚的世界肆意遊玩吧！

"Fashion is a language that creates itself in clothes to interpret reality."

時尚是一種用衣服來創造自己價值的語言。

—— Karl Lagerfeld

時尚的美麗糖衣，
人人嚮往，
但也處處充滿商機與心機！

時裝秀開場之前：時裝秀場內外，名人與媒體們齊聚；在等待音樂下、秀開場之前，坐在等待席的，不是看著座位上可能有的新聞稿、滑著手機，還能看著周遭穿得極好的時尚人，很是賞心悅目。

這是一個時尚蔚為顯學的年代！

當時尚的影響力遍布全球之際，我希望透過輕鬆、有趣的個人觀點與對媒體的市場分析，深入淺出地給予所有對時尚圈一知半解，有興趣加入其中，或是已深入其中的每一分子，能有更正確的觀念與方向性，來面對這個極具趣味、創造力、誘惑力，且全然「全球化」的產業。

本書以十大章節，寫出流行產業箇中的酸甜苦辣與構成脈絡，提供欲踏入時尚圈的讀者全面性的實務觀念；也期望能掃除人們對此產業的誤解與迷思，更讓任何對時尚深感興趣的讀者，一窺時尚在現今人類城市活動中的多重角色。

時尚舞臺中最高殿堂的「時裝週」（Fashion Week），堪稱是全球流行舞臺運作所有人事物的最大角力場。尤其是 2000 年前後，在集團化的推波助瀾下，這股態勢益發愈演愈烈。時裝週，不單單是設計師們為每季創意提出見解的最佳時刻，更代表著各品牌、買家、媒體、VIP、部落客……，甚至是外圍的時尚愛好者想一窺究竟之處。

但是時裝週，只是個華服競技場嗎？其中的遊戲規則究竟有多少？該面對的現實情況又有多少？話題操作或危機處理又有多少？尤其當數位化時代來臨，所有載具不斷的加速發展下，時裝週一直以來奉行的存在意義，開始面臨前所未有的龐大壓力。時裝週究竟該如何演化，該何去何從，是所有業內人士憂心忡忡之際不斷討論的議題。目前，尚無任何具體的解決方案，因為時裝週所帶起的經濟效益與影響力，動輒得咎。

　　我期待，在更多正確的國際觀推波助瀾下，臺灣的時尚產業，能在後起之秀南韓、中國、泰國等國家積極努力打造時尚實力之際，別因為國際化認知的薄弱，而失去再造的契機。透過此書，希望這個具有最高「人力」創意與製造的產業，能在臺灣不斷深耕、再進化，並與國際接軌。

時尚與城市

1

設計師的最後一場秀：2014 年 Marc Jacobs 擔綱 Louis Vuitton 設計總舵手的最後一季。整場秀，從門口到秀場內的陳設，都像是他記錄在此十六年旅程的縮影呈現。

如果你曾看過電影《穿著 Prada 的惡魔》（*The Devil Wears Prada*），劇中除了小助理與大總編輯之間精彩交手的橋段令人印象深刻，片中主角與配角那渾身散發出的強烈個人穿著風格，想必定也讓你難忘！尤其飾演總編輯助理小安的 Anne Hathaway，從文青妹蛻變成時尚潮妹後的那一段連續換裝畫面，連我都雙眼直盯著不放。不過，真的讓人心中低鳴聲連連的，絕對是當劇情來到飾演總編輯的 Meryl Streep 帶著小安參加巴黎高級訂製服時裝週（Haute Couture Week）時，在電影剪輯的妙手處理下，那一場緊接著一場的目眩神迷時裝秀，看得連我這個資深跑秀老手，情緒也頓時隨著電影情節情緒血脈賁張了起來。你是否在看到那一幕時，心中也響起「哇」的驚嘆？那正是我第一次參加米蘭時裝週時，心中所激盪起的衝擊感，那是一種參加任何一場臺灣或亞太區的區域性時裝秀所完全無法相比擬的澎湃情緒。

　　春、夏與秋、冬，一年兩次的時裝週，一場場在其中參與的各大時裝秀，為何能營造出如此龐大的「視覺張力」？而時裝週的魅力，就真的只表面上看到的霓裳魅影穿梭，還是它的背後隱約埋藏著一個個不可輕忽的現實力、經濟力、政治力的角力拉扯呢？

時裝週的目的

我很喜歡在學校課堂上、對著剛就讀服裝設計科系的學子，或是在一般講堂上、對著前來聆聽時尚產業相關議題的學員們，拋問同一個問題：「由一場又一場時裝秀串聯起的時裝週，在服裝產業中扮演什麼樣的角色？」是為了發表新一季作品？為了品牌增加能見度？還是為了賺錢？

其實，答案「三者皆是」——尤其賺錢，算得上是幕後的最高指導統帥。

我知道，將時裝週直白地說出「賺錢」的本意，在你聽起來或許很刺耳，而且市儈了點，甚至還破壞了你對時裝秀的種種瑰麗幻想。但是，面對現實吧！時裝週原生的本質，其實和臺灣一年兩次的重量級電腦展沒啥兩樣，都肩負著下單、訂貨的商業目的。不同的是，華美服飾環伺的時裝週，比起硬生生的電腦 3C、汽車、機械零組件……等類型的商展，實在來得太絢爛、太美好，甚至有點夢幻；猶如美麗的糖衣，讓周遭的人，幾乎忘了「賺錢」的終極目標正在背後控場著。

關於時裝週這個看似繁華，一年兩次以春夏、秋冬兩季為別，

所設立展出節奏的全球時尚圈大盛事，你或許好奇，怎麼不是因應四季而生，進行四次的展期呢？

難道是地球暖化，極端氣候壓縮了春季與秋季的存在感與時間長度，所以將兩者各自與主導期較長的夏與冬合併？其實，春夏與秋冬的分野，和時尚工業中的製程有著密切關係。既然時裝週的本質和許多商展接單製作的功能相當，那麼你應該就能了解每一季時裝秀的發生時間得依照實際季節往前半年作展，好讓秋冬季的服裝能在二月時裝秀接單後，進行一連串的發包製作與最後能於每季時裝秀展開時運送到全球各地，再依序上架──這樣的傳統流程正常得有 4~6 個月的時間。因此，合併為春夏和秋冬兩季變成為最佳的運作方式。

城市中的時裝週力量

你應該曾在各大媒體報導或時尚部落客的社群網絡中，得知紐約、倫敦、米蘭、巴黎時裝週正在進行中的消息；也時有耳聞東京、北京、上海、雪梨、首爾、巴塞隆納、多倫多……，甚至是臺北等各個城市時裝週的相關內容。你是否覺得全球各大城市都在企圖搶這杯羹？是否每個國家、每個城市或單一區域願意砸大把大把的錢打造時

裝週，就能站上國際媒體與重量級買家們的「必追」行列的表單中？

　　就讓我用個極端的比喻來解釋。試想，如果在菲律賓的馬尼拉舉行時裝週，能醞釀出的規模有多少呢？之所以舉這個例子，是因為菲律賓正擁有非常好的人口紅利（勞工人口的平均年齡約為 23 歲，臺灣高居 37 歲），不但具有豐沛的勞動力資源，不少經濟學家甚至預料它將成為具有未來發展優勢的潛力股國家之一；除此之外，如馬尼拉這般活力十足的平均年齡層，正是全球各類型消費市場虎視眈眈進攻的「千禧世代」或是更年輕的「Z 世代」。但是，這樣就能讓馬尼拉時裝週進入時尚大國之林嗎？

　　事實上，差之遠矣。

　　一個城市的時裝週是否能具有國際影響力，要評估的環節不只有「生產力」、「消費力」、「市場性」，還有深度內涵的「藝術性」與「設計創造力」，尤其創造力的豐沛度更是核心所在，那是歸屬於文化層面的反覆咀嚼後，才能迸發出的能力，非一朝一夕就能看到成果。

　　要釀就出國際流行舞臺上數一數二的時裝週影響力，絕不是單靠砸錢就能砸出一片天，還需要經年累月堆砌出創意能量，與細緻的製造工序，以及伴隨有銜接國際媒體與買家的能力，才能略見成果。

話雖如此，全球許多國家與區域仍針對這個富含龐大商機的時尚創意產業，各自努力不懈地搭建屬於自己的區域型時裝週，舉凡巴塞隆納、里約熱內盧、雪梨、首爾……，甚至近年大幅提升國際能見度且漸有斬獲的北京與上海時裝週等，連臺北時裝週雖規模仍小，也依然汲汲營營地每年策畫、整合著。各個城市的時裝週皆在自己的本位上不斷持續累積能量，並以能和國際級買家、媒體接軌創造影響力為著眼點，企圖擴張在全球時尚圈的發展力道。

　　究竟哪些時裝週最具國際影響力？這完全得看聚集全球重量級媒體、買家與時尚人士前來參與能力的高低，絕對不是各城市時裝週主辦方喊喊自己有多棒就行的；而現階段占有優勢性的，當屬紐約、倫敦、米蘭、巴黎四大城市的時裝週。不可諱言的，時裝週上的「四大金釵」之所以有今天的地位，和各自早早於上個世紀中於各區域站穩腳步，推動時裝週的企圖心有關，並且在上世紀的九〇年代，那個時尚產業同步蓬勃化的機緣間，四大時裝週一個密接著一個的展期，無形中成就出彼此間龐大的聲勢網絡。

　　綜觀來說，時裝週上的「四大金釵」在全球時尚產業中所立下的品牌力與歷史性，不但占有不可忽視的一定地位，更總是品牌傾全力、在此打造最高規格演出的重要殿堂。畢竟，這兒一年兩次的時裝

週是國際規格排程的主戰場；是全球重量級買家、媒體、超級 VIP 們齊聚的所在地；是展現一位設計師、一個品牌企圖心與創造力的最重要舞臺，更是一種大聲向全世界宣告自我流行語彙的平臺。這絕對和在大中華區、亞太區，甚至臺灣區的區域性時裝秀中，為創造當地品牌聲量與銷售力，以區域性預算所打造出的規模，所無法相比擬的。四大城市時裝週有如全球時尚產業的火車頭，拉著大夥兒一路前行。何況，要將時裝週上的辦秀規格轉移到各區域，豈不勞民傷財？因此若非有重要的旗艦店新開幕、週年慶典，否則品牌總部絕不會輕易在各區域移師等同於時裝週規格的時裝秀。

時裝週期間，除了各大時裝秀搶人目光，其實還有許多靜態展與各品牌的 Showroom 敞開大門迎接高手們蒞臨指教。時裝秀、靜態展、Showroom，各自因應品牌端的預算與思維而生；預算充裕者，可以選擇在一地舉行時裝秀，在其餘的三地以 Showroom 形式，讓未有機會看秀的媒體或買家近距離了解一季的作品。對於新品牌重新運作的如當年的 Rochas、Vionnet、設計師 Stuart Vivers 剛接手 Coach 開創服裝領域階段時，皆不約而同地先以主題式的靜態展試試水溫，待時機成熟才走入時裝秀的行列；對於資金較缺乏的新銳，也通常採取聯展或是各自的靜態展散發創意能量。至於 Showroom 的規模更是簡

單，多是為買家接單而設，也讓媒體附帶前來看看商品，不會有太華麗或特別的裝置，只盡可能地讓商品陳設清晰，具有系列感為主。

全球四大時裝週的焦點城市

紐約，是個強調務實穿著風格的舞臺，休閒運動風、因應社交生活圈的禮服類設計，總是能在每場秀中，嗅聞到相關主題。倫敦，是新銳設計師們嶄露頭角的殿堂；當然，這也意味著重量級設計師在這裡作秀的比例，不如其他三個城市來得多（雖自 2007 年起，在英國服裝公會的努力遊說下，讓早早已遠走他鄉辦秀闖蕩時尚界的 Matthew Williamson、Pringle、Burberry……等品牌，陸續回歸低迷的倫敦時裝週），總體影響力較其他三個城市略為低落。米蘭，由於擁有全球最精良皮製品的工藝群聚，加上實力派品牌如 Giorgio Amani、Gucci、Prada、Versace、Dolce & Gabbana 等的坐鎮，讓它即便在 Burberry 與 Pringle 重返倫敦時裝週的懷抱，還能持續站穩腳步。巴黎，則蔚為全球時尚圈的鎂光燈焦點；這兒所倡導的多元性藝術氛圍，總能包容來自不同國度與顛覆傳統的設計師，盡情揮灑無框架的點子，為整個流行舞臺奠定既具開創性，又符合時代穿著需求的新主

張，數十年來有著時尚界引擎的發動地位。

這四大金釵，除了巴黎數十年來如一日地占有創意的絕對高度與地位，其他如倫敦則曾歷經萎縮到幾乎要被全球媒體與買家放棄的狀態，而米蘭雖曾一度在 2000 年間威脅到巴黎的創意性，卻也因 Burberry 和 Pringle 陸續離去而折損、Gianfranco Ferré 大師離世後，也逐漸被紐約迎頭趕上；但曾幾何時，紐約 2017 年後又消退而下。不論這四大金釵在全球時尚圈人士間的排名如何，它們依然是最強悍的存在。

能夠進入四大城市的時裝週體系，對全球各個新銳品牌與設計師來說，是莫大的鼓舞，但卻是難度不小的一個旅程，而要取得這張門票，可是得靠足夠的資金以及豐厚的創造力為後盾才行。因為，只取得一次入門門票當然是不夠的，得季季參加才能累積在當地時裝週與全球時尚業間的知名度。畢竟，在每個城市的時裝週上，參與動態時裝秀或靜態展的品牌數動輒上百，要贏得買家與媒體們的目光，不但需要專業的行銷公關散布參展訊息，想辦法讓他們能在緊湊的行程中前來，還得靠時間與實力的累積，加上人脈的推動才能日益奏效。想在這個和全球設計師一較長短的舞臺上一展長才，靠的絕對不是僥倖或運氣，得有完備的續航力來因應才行。

四大時裝週

國際四大時裝週,每年開幕的時間依次是紐約、倫敦、米蘭、巴黎。
2、3月舉辦當年度秋冬時裝週,在9、10月舉辦次年度的春夏時裝週。

紐約時裝週 New York Fashion Week

首發：1993 年，由美國時裝設計師協會（The Council of Fashion Designers of America，簡稱 CFDA）正式成立舉辦。

官方網站：www.nyfw.com

倫敦時裝週 London Fashion Week

首發：1983 年，由英國時裝委員會（British Fashion Council）舉辦。

官方網站：www.londonfashionweek.co.uk

米蘭時裝週 Milan Fashion Week

首發：1958 年，由義大利國家時裝協會（Camera Nazionale della Moda Italiana）舉辦。

官方網站：www.cameramoda.it

巴黎時裝週 Paris Fashion Week

首發：1973 年，由法國時裝公會（Fédération française de la Couture）舉辦。

官方網站：www.fhcm.paris

2

從一張
邀請函開始

邀請函有如是進入時裝週上任何一場時裝秀的「入場券」：裡面寫著看秀者的姓名（若是代表媒體與品牌端的，一旁還會註明服務單位）、時裝秀舉行的地點與時間，以及座位的排序。圖為 2015 秋冬以「Chanel 巴黎小酒館」為題的邀請函。

時尚的節奏，相當宿命地必須伴隨換季的腳步進行更迭；所以時尚人的工作行程，想當然耳也非繞著它運轉不可，尤其每當一年兩次，全球四大時裝週輪番上陣的一個半月間，那個看似令人爆肝的過程，卻倒像是時尚人賴以維生的養分，不服用不行。

一張邀請函造就的現實

　　對我來說，每逢說到即將開始、約莫半年一次的時裝週行程時（我的業外朋友總笑稱這是「時尚界的大拜拜」），非同業的親朋好友們，無不投以羨慕的眼光，並每每發出幾乎一模一樣的驚嘆聲：「好好喔！」但是，究竟好不好呢，真的只有曾經參與其中的人，才知道箇中滋味。

　　老實說，對於看設計師們的最新創意，我絕對有百分百的熱情，可以一下飛機直奔秀場，接著一路就是連看八場秀，直到晚上十點半收工；甚至回到飯店還得繼續和瞌睡蟲奮戰，將當天的報導傳回報社（時任《蘋果日報》記者）。即使一整天因為趕場，沒時間進食（只能吃著隨身攜帶的糖果或餅乾，或是在品牌 showroom 提供的小點心），加上時差的昏沉擾人……。但疲累，可以彷彿隱形了一般，那

些美好的設計，有如精神糧食，可以充飢、可以果腹、可以撫慰人心。喔，當然看秀行程中，如果設計師們的表現過於失常，我也常在設計師謝幕時，心生想衝上臺呼他一掌的衝動（還好，從沒真的失去理智衝上伸展臺）。或許，你心裡想，不過就是一場秀嘛！何必那麼認真、那麼激動？但若你跟我一樣飛過了半個地球，時而得忍受風吹雨淋、日曬，或大雪時在各大秀場裡奔趕看秀，結果卻看了一場「不入眼」的時裝秀，你應該就可以理解我這種情緒了。

我知道以上這些聽起來實在有點荒唐，你還可能認為我故意誇大其詞，但以上的情況在每次的時裝週中，總在全球不同的時尚人身上輪番上演。既然看秀能讓身心得到慰藉，為何我會說參與過程的好壞，只有身在其中的人，才能領會呢？其實，一切的導因不在一套套的作品身上，而是時裝週中處理相關事務的人所牽連而出的一連串事件與觀感；「現實」，是時裝週期間所有時尚人不得不面對的問題，也常把人搞得惱怒、忿忿不平。

「現實」種子從哪裡種下的呢？先讓我談談時裝週上的生態，你便能理解那些「現實」的種子是哪來的。基本上，四大時裝週總會在各自短短的一週內，聚集來自全球、為數眾多的大小媒體與買家，甚至連重量級的 VIP 們也應邀到場參與盛會。想想看，在每個時裝週

平均只有五至八天的時間內，身為媒體的要做好採訪工作，專業買手要爭取買到好商品、甚至商議到最好的配套條件與價錢，品牌端期望獲得媒體與買家的青睞……等林林總總的背後需求。但是，所有人的需求與期待，卻只能於短短一週左右的時間內，在滿檔的時裝秀或靜態展行程的交相夾擊中完成（我的經驗是每天至少看 6~9 場的時裝秀與靜態展，每天的睡眠時間只有 3~5 小時或更少，當然也無法每天正常的吃滿三餐），這樣的情況無非成為現實種子最佳的發芽溫床。若再加上時尚業產品的生命週期以「季」為最基本單位（甚至更短），如此短於其他各個產業新產品生命週期的情況下，不難想像時尚業有著比其他任何產業更「現實」的狀況出現。尤其，在緊繃的時裝週行程裡，多數的時尚人已經沒有太多的時間與體力負荷解決每一件事，難免造就出偏向採取速效法則應變──誰的助益最大，誰就成為優選的合作夥伴──如此的篩選法，無疑是醞釀出「現實感」的最佳催化劑。

誰該拿到邀請函？

　　每逢非時尚圈的朋友同我談到時尚圈人士的現實時，我總會告

訴他們，現實，在每個行業的圈子中都存在，只是時尚圈的季度流行更替期（甚至在消費者需求下加速發展，加入了早春、早秋系列的逐漸強勢壓境），總讓人感覺情況更為加劇。而其中最觸動敏感神經的，就是時裝秀邀請函的取得。

　　相信我，邀請函的獲得與否，所牽扯出的不滿情緒總是最高張的，所牽扯出的現實課題也最是直接與血淋淋的；畢竟能進場看秀，不但對當季流行趨勢可以得到第一手的承接，還能為自己的照片收藏留下豐碩的記憶。就像是一場球賽開打前，各方好手都在私下演練琢磨著究竟如何戰勝對手般，只是在時裝週上多數人論輸贏的焦點，聚集在「秀票取得與否」上。因此，不論從大範圍的區域與區域之間（如北美洲、南美洲、歐洲、亞太區域……），到同區域之內誰能取得（亞太區中的南韓、臺灣、中國、香港、新加坡、印尼、泰國……），甚至到單一小區域裡哪幾家媒體能拿到秀票等，都形成一種檯面下的角力戰。

　　你可能想問，一場時裝秀的邀請函怎麼會引來如此複雜的時尚圈「政治」議題？那就讓我帶你一同沙盤推演一下：一場時裝秀若想讓人人都能入場需要多大的空間？或是一個品牌得辦多少場、花多少驚人的預算，才可滿足如此龐大的需求？所以，在全球媒體、國際買

家，甚至是重量級 VIP 們皆會到場的時裝週聚會中，決定哪個地區能有多少票，哪個媒體有資格拿到票，誰能有、誰不能有，怎麼說、怎麼想都是一道很難作答的「現實」課題。如此複雜的難題，品牌端無論如何都得有面對與處理接踵而來抱怨聲浪的一套 SOP（標準程序），否則若閒置或傲慢不理，不論是對媒體端、VIP 端或是買家端，都將產生極大的危機。尤其，如今社群媒體的傳播力又快又猛，壞事可是會瞬間傳千里，更糟的，甚至禍及當事者得離職以示負責，或是品牌威望大損的困境，輕忽不得。

座位消失了！

還記得 2000 年左右，社群網絡尚在孵化期時（Facebook 於 2004 年誕生），我首次遭逢了人生中相當不堪的看秀經驗——應該說所有臺灣媒體都碰到了。在那次巴黎時裝週的某大品牌時裝秀上，當我們來到邀請函中所標示的座位區與行排號碼時，驚覺整排屬於臺灣媒體的座位竟不翼而飛，沒錯，就是空蕩蕩的，一張椅子也沒有（但是同排的其他區域卻完好存在），這不僅嚇壞了所有臺灣媒體（難道要我們席地而坐看秀？在前排座位都擋住視線的情況下根本什麼也看不

到。還是要站著看呢？），也嚇壞了臺灣的負責公關，幸好最後，趕在秀開場前將約十個人塞到場內一個個拚命擠壓出來的空位上，終於解除危機。回到臺灣後，品牌公關還得再次一一向每位媒體鄭重致歉，以消消大夥兒的怒氣。我只能說，還好當時社群媒體的作用力尚未成形，否則這件事所捲起的後果將不堪設想。

到底誰搬空了那排座位，為何只搬了臺灣區的，其他地區都完好？如果搬空的是國大業大的日本區、美國區，會是什麼樣的結果呢？我實在不敢想像。或許，你認為這是一種看輕臺灣市場的現實作為，事實上，臺灣市場的吐納量雖確實不及那兩大區域，但在那個大陸與南韓市場尚未如今日般蓬勃的時期，臺灣仍有一定的全球市場力；這樣的烏龍事件發生，善意的想，或許就只是工作人員一時不察吧。但當碰上這類問題時，大夥兒實在很難不感到憤怒，不過在憤怒也無法解決問題的情況下，如何以智慧嚴正地做出抗議與反應，才是在時裝週排程的「時間」與「空間」都不可能隨意拉長及放大的基礎中，對抗現實力量的法則。

一個小品牌、一位新銳設計師、一個小規模區域、一個小媒體、一個小記者⋯⋯都可能遇到「現實」的課題。這如同在各個行業中要想冒出頭，都得加倍努力，不是嗎！身為時尚圈的一分子，我總是勸

說身旁的媒體朋友或是從事時尚業的尖兵們，必須學習將這些遭受到的現實性化作拚鬥的力量，以實力對抗現實力，才是擺脫憤世嫉俗與現實的最佳助力。

邀請函前後的壓力倒數

在進入時尚產業工作之前，得先做好心理建設──時尚產業是個經常必須在有限時間內，把一切事項都做到「完美」的嚴苛工作。它雖不像在金融業追逐股票、債券指數時，上上下下波動幾億元，要不瞬間致富，要不即刻傾家蕩產的高壓力金錢遊戲；但時尚工作一定會面對的壓力是，在時間排程內，被要求凡事都要做到盡善盡美與近乎吹毛求疵的絕對高標，特別是碰到各種大小型活動時，這種完美主義症狀便會高頻率地發作。

堪稱是時裝週上最高規格的各品牌時裝秀，在即將粉墨登場前，這類病徵的顯現程度，每每攀升到破表境界；不僅設計師領軍的團隊日夜趕工，連品牌內相關的所有製作、行銷，甚至是外部合作單位，皆無法倖免，全都繃緊神經應戰。因為，每一次在進入時裝秀最後倒數的一個月間，不斷地確認再確認、更改再更改，是必經且必然的現象，為的就是那場 15 分鐘內結束的時裝秀得以盡可能地零缺點演出。

你可能會好奇,那為什麼不提早一些作業時間,好使這個像是記者面對截稿時極為逼人的作業程序能夠緩和下來?答案是:事實上,即使作業時間提前了,作業最後階段的爆肝指數依然免不了飆高。很難相信嗎?不妨讓我從兩個面向來稍做解釋。

首先是產業中的普遍價值——「求好」——因此即使時程再往前挪動一個月或兩個月,最後一個月依舊免不了遭遇一改再改、又再改的命運。特別是當時尚產業周邊的工作者中,多的是天馬行空的高手,要他們只是奉命行事、不加思索地以慣用方式與結構完成任務,實在是天方夜譚。更別提有多少設計師的血液與骨子裡,深深被要命的完美主義所箝制,這種有如強迫症般的高度自我要求,你想,就算時間真的再往前個半年,結果還是一樣的,他們依然會不斷改改改⋯⋯一路改到上秀前的最後一刻。

另一個原因是品牌系列的頻繁發表——九〇年代前的設計師們只需要對春夏、秋冬兩季的重要換季時間表統籌創意;現在,因為獲得訊息的網絡快速便捷,間接影響了消費端「渴新」的需求大增,導致設計師一年除了春夏、秋冬兩季,為數眾多的品牌還多了早春與早秋系列(由於此兩大系列作品向來更具市場性,雖是品牌各自選場地作秀,重要性在品牌內卻與日俱增),甚至為了增強品牌力與刺激消

費端印象，還得不定時推出限定或跨界系列。此外，若是再碰到品牌規模不只有女裝，還有高級訂製服或是男裝，並且都由同一位設計師擔綱大任，那一年得領軍推出系列的數量可不驚人？所以在一堆設計師得執行的系列排程中，要將時裝週上時裝秀的準備期再拉長的可能性，微乎其微。

完美意志力勝過一切的 Karl Lagerfeld 與 Giorgio Armani

談到此，我不得不先提一提年產量極高，同時是我個人極為佩服的兩位殿堂級設計師 Karl Lagerfeld 與 Giorgio Armani；他們倆即便在年過八十之際，每年經手的系列依舊龐大到連年輕力盛的新銳們，都不一定能做到的層級。

Giorgio Armani 除了親自操盤正牌的春夏與秋冬兩季女裝，還有男裝與高級訂製服，並且督導著 Armani 王國旗下的各個副牌以及附屬的 Armani Hotel、Armani Casa、Armani Beauty 等。而甫在 2019 年 2 月病逝的 Karl Lagerfeld 則在 Chanel 的女裝、高級訂製服之外，同時是 Fendi 與同名品牌 Karl Lagerfeld 的設計總舵手，隨隨便便加總，他一年的作品發表數都高達 16 個系列，更別說他還時不時擔綱平面攝

影師，為三大品牌操刀平面廣告，以及各式各樣的跨界合作。這兩位超級大師在這變化多端的年代裡堅毅地掌著舵，我想，時間壓力在他們身上已經內化為成就美好創意的養分，樂在其中讓他們克服了每一季的時間壓力。Karl Lagerfeld 生前在受訪時回應何時退休的問題時便曾說到：「退休對我而言等同於死亡。」的確，即便在他離世前，仍不忘諄諄交代 2019 秋冬系列作品的事項，從這件事來看，Karl Lagerfeld 真的是盡心盡力在崗位上做到最後一刻啊！

既然每一季時裝週上的時裝秀帶來令人難以招架，卻又不得不承受的高壓力，設計師們是否已經習以為常了呢？我想不論對大師級或是新銳級的設計師而言，就算習慣了，任何人都還是無法全然放鬆的，必須一直等到時裝秀結束後，才能卸下新一季時裝秀的時間壓力。但是很不幸的，下一個季別的壓力會立刻補上，不斷循環，直到設計師完全卸下了責任方休。

秀前的調整與危機處理

時裝秀前一天，應該是服裝全部完成，不會再有任何修改了嗎？整個團隊只會在時裝秀現場的相關事宜做調整嗎？這當然也可說是天

方夜譚。事實上，設計師在前一天仍在要求縫製工匠們動手修細節至半夜的，比比皆是；和秀場製作團隊重新調整時裝秀演出節奏的，更是常態；甚至到時裝秀演出的當日、在預演前，有任何不妥或是需要加強的，只要是來得及在秀前補救的，也絕對會加以補救，絲毫不可能得過且過地矇混過去。因此，時裝秀前一週無法睡飽是正常的，甚至前一天完全沒睡的也大有人在。

當面臨時裝秀倒數計時階段，需要配合設計師達到最佳成效的所有工作人員，其壓力實在不可能不攀升到最高等級。我依稀記得某一次於 9 月底登場的巴黎時裝週，往年同時間早該已經秋高氣爽，結果那年竟高溫如夏，出乎所有時裝秀製作團隊的預料。通常，每一場秀的空調系統，會依照預估的需求規畫標準配備，那一次因為沒有人料想到當季會出現盛夏的反常現象，原先設定的空調系統，遠遠不及應付高溫。當數百人、甚至上千人的賓客，來到空調乘載量不足的秀場內看秀時，簡直像進入了悶燒鍋內一般，不僅汗流浹背、還有令人缺氧至近乎要昏厥過去的中暑危險（每個人只能搖著手中一紙小小的邀請函，搧著室內的熱氣，絕望地試圖降溫），幾乎每一場秀都讓所有觀秀者苦不堪言。但是，Issey Miyake 在當時卻做出了其他品牌沒做的臨時應變措施，不只在入場時準備了冰涼的瓶裝水，還因應悶熱

送上了與品牌形象符合的簡潔透明扇子；雖然無法將空調系統立即更換（場地龐大無法立即因應有效地重搭處理），但是至少能使每一位入場的來賓稍稍解暑，好好靜心地看完設計師精心安排的時裝秀。

當我在拿到這兩件有如荒漠甘泉般的聖品時，除了感到整個製作團隊的貼心之外，我難以想像的是，他們究竟是如何在短時間內找到合適且購得如此大量符合品牌形象的扇子，並在現場發送。我想，整組人員在拍板定案，決定立刻尋覓瓶裝水與扇子時，那得在一、兩天內找到對的商品且湊齊數量的壓力，應該會使全體工作人員幾近瘋狂吧！不過，當他們看到所有人拿到解危聖品時的開心笑容，以及對品牌貼心的好感度倍增之後，那些奔波的疲累一定會即刻消失無影。面對如此大的時間壓力，依然能挺住信念完成任務，時尚人以熱情驅動力締造出一場場精彩的時裝秀。

時裝秀
座位爭奪戰

3

時裝秀上的座位:標明著觀秀者的名字與座位排序,利於拿著邀請函入內的每一個人,尋找自己的位子;當然位子的排序,蘊含著濃厚的「政治角力」在其中。圖為 2014 年春夏 Celine 秀的秀場位子陳設。

邀請函的取得很政治，但是時裝週的座位之戰，事實上又比拿不拿得到邀請函來得更加白熱化。怎麼說呢？因為有沒有座位、坐哪兒，可更是觸動所有人的敏感神經；畢竟人人都想要坐前排座位，因為若碰到上千人的大場地，座位區的安排是向上排列的，通常坐在第四排之後，能看到的，就只剩模特兒胸部以上的部分，胸部以下一概被前排座位人士成群的後腦勺給擋住了。

為演出的藝術性犧牲座位數

然而，前排座位哪是隨隨便便就能釋放的？特別是現在的 Front Row（第一排）不僅優先保留給全球時尚雜誌總編輯與時尚大報的記者、大買家，還有大明星、名人，甚至是影響力橫跨全球的部落客，因此在規模不大的秀場上，能有邀請函釋出，對媒體或買家們來說已經很難得，要想有座位或前排座位的，何嘗容易呢？

我相信，若人力、物力充足，沒有哪個品牌會甘願冒著得罪任何媒體、買家、名人的風險，來處理時裝秀座位的問題；只要弄個超大的場子，讓大家通通進場同歡，不就皆大歡喜？可惜，事實上，這樣的機率不僅低到近乎不可能，甚至根本難以實現。因為，就連目前

最有本事舉行大型時裝秀的 Chanel 與 Louis Vuitton 都不一定做得到，或是應該說，就算做得到，也不一定想這樣做。畢竟，究竟要多大的場地才能滿足所有人？只要進場人數多就真的能夠安撫眾媒體嗎？我想，沒人敢打包票。況且，很有「主見」的設計師們，或是掌控品牌預算與營收壓力的高端管理層，也不見得願意接受以超大型的空間，來為新一季的時裝秀做詮釋：因為碩大的空間，意味花的錢不但更多，要做到恰如其分的時裝秀詮釋也更加困難。

舉個最鮮明的例子，如 Riccardo Tisci 當年在 Givenchy，以及 Phoebe Philo 還沒離開 Celine 時，便向來習慣在超大場地中，僅圈圍出一部分空間來當作時裝秀的展示區域，而那所謂的一部分，甚至只用了整個空間的一半，或是根本一半不到。很難理解嗎？好端端花錢租來的大場地，怎麼如此浪費只使用一長條，或是一個塊狀的空間？且讓我用另一個方式解釋：如果你曾經走進博物館或藝廊觀賞當代藝術展覽，請試著從策展人的角度來回想一下，空間的強度如何烘托作品；而設計師們打造秀場規模的思維也是如此，若你能體會我正在表達的事，你就能參透幾分為何設計師們要如此「浪費」了。現在的服裝設計師們，對於時裝秀的呈現已經愈加靠向藝術家的思維，因此對他們而言，空下來的空間並不是任性而為，是試圖建構留白的美感，

一種存在於創作者、作品與觀賞者之間觀賞的呼吸層次，一種貼近他們作品的必要手法。

設計師們的創作心思總是非常浪漫且詩意的，對於創意、對於美，總有一種幾近瘋狂的偏執；從一場秀的場地要搭得多大、座位的搭建走向與高度、能否有站立的位子⋯⋯等，他們認為都將影響整體時裝秀演出時的美感。尤其當現今的每場時裝秀都備有即時與專業的現場錄影，甚至現在還有線上的全球同步看秀服務，秀場上所有不完美的細節都將即時且全程地被記錄放送，毫無修飾或掩蓋的機會；導致設計師們對秀場空間的要求更加細緻，甚至到達外人難以理解的嚴苛程度。

當年擔綱 Balenciaga 設計總舵手的 Nicolas Ghesquière（1997~2012年，即使當時尚圈尚不時興同步看秀的機制），總是習慣在伸展臺的兩側只留下兩排平行的座位，座位區既不搭高架設置座位，更不預留站立的位子；有幸入門觀秀的，在這般近距離座位的安排下，每位模特兒身上的服裝細節，絕對可以看得一清二楚。這樣的安排形式，在 Nicolas Ghesquière 接手 Louis Vuitton 女裝設計後便不再運用，開始朝多座位的安排靠攏。另外，時尚人們最想擁有一張門票，好一觀季季始終如一，最敢顛覆創意框架的 Comme des Garcons 時裝秀，其設計

師川久保玲行之有年地每季都僅以約百人的規模作展，即使是站票，大夥兒也總是塞得滿滿地，想一窺究竟，我當然也是其中一人。因為，Comme des Garcons 的時裝秀總有拋離商業面之下，最深刻與大膽的原創性。從以上的例子看來，如此少的座位安排和動輒搭高座位至 5 至 10 排的座位量相比，容納人數必定是天差地遠的。所以，設計師腦海中對一場時裝秀的期待，是另一個在預算考量之外，影響時裝秀場地可能大不起來的問題。這也是間接造成時裝秀門票爭奪戰愈演愈烈的一大因由，再加上亞太區後起之秀的中國、南韓……等市場的需求量大增，讓情況日漸複雜。

時裝秀座位學

到底時裝秀票的邀請函該如何發、誰該有、有秀票的該給座位還是 Standing（站位，無座位者秀票上的顯示字樣）、有座位的該如何安排其前後左右鄰居……等，以上聽起來實在很匪夷所思、很「政治味」嗎？的確是的。到底，誰才是左右座位大局的操盤手呢？不用說，當然是品牌總部與各區域的行銷公關們了。所有的秀票安排都是他們得關起門來再三切磋討論的，以求在品牌最優勢的曝光或最佳擴

散力與銷售力之下，做出最低傷害度的安排。在我的印象中，2005年之前的時裝週，幾乎每一位申請入場者，唯有到了時裝週上檔的當週，才會得知結果；也就是，在搭上飛機出發前，我無法預料自己能看到哪幾場時裝秀，只能任憑品牌宰割。這種情況，對身為臺灣媒體的我來說是如此，但是對於隸屬「重量級」的媒體、買家、名人、部落客呢（歐美的主要時尚人士，具有全球性的高度含金量、社群影響力），他們可是每天滿手秀票；不屬重量級的呢，我常常說，就只能聽天由命了。

今日，特別在進入高速數位化的現在，若秀票的申請與取得還處於石器時代般的原始作法，讓人到上飛機前仍一無所知，實在有點說不過去，對吧！因此多數的品牌，尤其是臺灣已設立分公司或為代理商引進的，大多會在媒體出發的前一週，陸續發出座位規劃表的初步相關通知。至於臺灣尚未有代理商引進的，有些則還是得到了當地，在看秀前兩、三天，甚至是時裝秀當天一早，看快遞是否送票來，答案才會揭曉。別懷疑，你沒看錯，就是時裝秀的當天，這種現象至今依然發生著。有時候，秀票在遞送過程中，因門房送錯了、被同飯店的有心人士偷了……而重新補發的事件時有所見；有的則是永遠成謎──究竟是快遞慢了，還是品牌在處理秀票時出了問題而臨時補

發，完全不得而知。

在你心裡，或許認為只要是媒體，頂著「採訪」這個正當理由，應該就可以擁有每一場秀的入場資格，那可是大錯特錯；或是，認為稱得上是各區域中數一數二的重量級媒體，甚至是位居總編輯大位的，就一定可以有令人稱羨的前排座位，那也是未定之天。

就先讓我說說兩個親身經歷吧！

時任《蘋果日報》記者，代表報社第一次前往米蘭時裝週採訪時，雖然創刊第一年（2002 年）的《蘋果日報》日銷售均量已高達50-70 萬份的驚人數字（那已是全臺媒體最高的銷售數字），但是因品牌總部操控秀票的公關們對臺灣《蘋果日報》的熟悉度仍然很低，使得我即使拿到了秀票，也幾乎是場場 Standing Ticket（站票）；為了能有最佳觀看視角，我奮力在擁擠的攝影區旁，在不影響各國攝影大哥們的取鏡角度下，尋求最好的觀秀位子（事實上，我只有站或是坐在臺階上的份，而且要小心不被驅趕，畢竟這裡是攝影師和攝影助理的位子，但總比站在座位最後一排看得清楚），好完成時裝秀採訪報導的任務。現在臺灣《蘋果日報》的知名度已大開，記者也不再重演我當年的境遇了，由於其影響力夠大，如今能坐在前排座位的機會，也不輸於時尚雜誌總編輯。

而當我接任《Harper's BAZAAR》總編輯之位後，取得邀請函以及擁有前排座位的機會的確增加了，卻仍有不少品牌的秀票如 Balmain、Rick Owens、Haider Ackermann、Dries Van Noten……等，都不見得每一季皆能如願取得，即使拿到了，還可能是 Standing Ticket 一張。你可能好奇，拿到這樣的秀票，我究竟去或不去呢？即便 Standing Ticket 得站在門外等待至少約莫 30 分鐘至 1 小時（需先放行大部分有座位者進入後，才會開始放行站票者入內），基於他們目前都是時尚圈別有特色或具代表性意義的品牌，我的選擇還是「去」。

　　喔，我也必須再提一提身為時尚雜誌國際中文版總編輯後，在美版母刊的庇蔭下，前排座位確實有一定的收穫；然而，當 2012 年社群媒體的擴散現象愈演愈烈，我能得到前排座位的占比也逐漸下降，緩緩地往第二、第三排挪移。原因出在社群媒體力量的興盛，隨著名人、明星、部落客的一則則 PO 文，讓時裝秀上的品牌力快速擴散、成效顯著後，無非使得前排座位於傳統買家、媒體之外，又加入了新一輪的強勢競爭者。

市場影響力決定秀票座位

坐到前排座位真的很重要嗎？對擔任過記者或編輯的我來說，能看到最清楚的秀場氛圍與每一套服裝，才是首要任務，需不需要坐前排不是最重要的（事實上，當年屈身於攝影區求生存看秀時，所處的站位才是最清晰的觀秀視野）；但是，對身為總編輯的我，我的座位其實還隱喻著臺灣區域性市場力的表現。

身為媒體，能否在時裝秀上獲得入場的秀票，除了媒體本身的名聲與影響力是否夠強大以外，被考量的還有申請者在媒體內所擔綱的職位；最後，還有一個不可忽視的參考指標，那就是媒體所屬的該區域市場的業績表現，或品牌對於該市場的未來期待值，加總起來才能決定該地區每一季的「搶票」大戰是否能占上風。

事實上，各地區的秀票攻防戰，對品牌內的各區域行銷公關而言，彷彿也是一場時尚圈的國土保衛戰，如何爭取、如何捍衛，每每都是一場硬戰。這場硬戰不但間接顯示出總部對該區域市場的重視程度高低，還代表各個買家與媒體的實力。最終，秀票怎麼給，也影響到時裝秀結束後，各區域行銷公關事後得安撫多少沒拿到票或只拿到一張站票的媒體。

談到這裡，你或許好奇，有誰總是可以擁有前排座位，誰又是當今的後起之秀？歐美系的重量級媒體，尤其是數一數二的時尚雜誌，如《Harper's BAZAAR》、《Vogue》、《Elle》……，因為擁有幾十年到逾百年資歷，甚至開疆拓土地在全球各區域設立版本，影響力擴及全球，使得來自出生地的美國、法國或隸屬強勢區域的英國、義大利等，總是前排座上賓。而這幾大媒體的同名區域版本總編輯也常能雨露均霑地在座位不過少的情況下，順勢搭上前排座位的列車。

　　至於亞洲的日本，由於對奢侈品品牌認知力與消費力的強大，早早就以獨立於亞太區市場之姿，擁有不遜於歐美強大勢力區域的秀票量。此外，歐美設有時尚專欄的大報社如《New York Times》、《International Herald Tribune》，或是時尚專業媒體的《WWD》、《BOF》等，座位也一定不差。至於 2010 年後因區域性強大而備受關注的後起之秀呢，當屬中國與南韓了，各品牌基於對當地市場的高度期待，不但國際時尚雜誌擁有極好的座位，連同當地的本土雜誌或報紙媒體，也都能擁有不少秀票。就讓我給你一個更具體的數據：通常，臺灣是一家媒體一張票（有時甚至唯有國際中文版的媒體，才能因此獲得一張），但是，中國與南韓有時一家媒體會得到 2 至 4 張票，落差很大吧！

當同屬亞太區的南韓與中國的媒體秀票量大幅度增長時，勢必會壓縮同區域其他國家的秀票，造成亞太區其他前往採訪的記者或編輯們生了幾分埋怨之心。該以憤世嫉俗的心情面對嗎？我倒是覺得與其怨天尤人，不如努力在區域中創造影響力，方能改變頹勢，不然就請面對事實，無須憤恨難平；國際秀場有如時尚圈的聯合國，並非你大呼小叫就能贏得關注目光，得用實力智取才行。

秀場座位亂象

既然秀票取得困難、取得有位子的秀票更難，若一家媒體、買家有時候預計參與時尚週的人數大於可獲得的秀票數時，該放棄嗎？還是和公關吵一吵就有可能進場？事實上，想要說服公關讓沒有秀票的人進場，實在不易，如果真的可以，也是公關本人透過個人方法，伺機而動，偷偷帶人進去（秀場前門檢查秀票的，多為品牌委外的活動公司或保全公司控場，不見得認識各區域的公關，有些控場甚至極為嚴格），而進去秀場後會有座位嗎？當然沒有。於是，有些在開秀前較早被帶入的，不耐久站等待（畢竟有時候等開場就等了一小時甚至更久），便先行入座；稍作休息當然無可厚非，但是也有些人可能

一坐入定，直到時裝秀開場前依然如如不動，因此常常到秀開場時，若原本安排 10 人的長條座位，結果暴增到 15~18 人之多，不可思議吧！遇到這樣的情況時，每個人常常只能坐小小一角，以臀部不掉出座位的最小面積，奮戰觀秀。

你可能好奇，當有人強行占位時，公關與保全們都跑去那兒了？事實上，進入到座位區後，通常每個人就會找自己的位子坐下，不再有公關或保全擔綱座位引導的工作，而公關有時即使帶了位，由於還得處理其他媒體或名人的相關事物，也無法一直待在現場維持秩序，因此很容易就造成這種情況。

長條座位的人數之所以暴增，除了原本沒秀票卻被帶入的人之外，還有原本該坐後排座位，但想往前坐好一點位子的人；因此在每場秀、每一長條座位區，總是不斷上演著同樣的戲碼。我曾在米蘭時裝週上碰到一次長條座位被強占的痛苦例子。由於離開前一場靜態展時叫計程車耗費了一段時間（這是米蘭時裝週期間的常有現象），待我到達秀場時，我的前排座位已活生生被另一個香港媒體坐了，即便公關請他交出座位，對方卻依然嬉皮笑臉要賴地不為所動，僵持不下間，時裝秀即將開場。幸運的是，我座位的另一側是《蘋果日報》的記者，她好心地硬擠出一小點座位給我，於是我就坐在那位要賴的香

港媒體旁，用幾乎懸空的姿勢看完整場秀。必須說明的是，那次的時裝秀伸展臺並非架高舞臺的陳設，是落地緊鄰座位而行；至於我那懸空著身體看整場秀的窘況，若不是有強大意志力撐著我的腰臀，要是一失衡整個人掉到伸展臺前，甚至撞上走秀的模特兒們，那可就糗大了，說不定還會不小心上了媒體版面！

　　占座位的人確實可惡，但是卻一季復一季地在秀場邊出現，只要長條座位還能坐得下，其實大家都會願意挪一下臀部幫個忙，畢竟跑秀真的很辛苦啊！

搶奪座位之外

　　表面上，時裝週是各大品牌設計師們大展創意身手的舞臺，一場時裝秀大約 15 分鐘內就結束（2013 年的 Louis Vuiton 春夏時裝秀以雙人同時上秀，全長因此更縮短到約僅僅 6 分鐘），像是燦爛煙火般的時裝秀，所有人看完之後，一切就結束了嗎？喔，如果只是這樣，豈不是太浪費所有圈內好手聚集在這裡一週的難得機會啊！

　　因此，除了鑑賞舞臺上各個設計師的嶄新創意，舞臺下，更不失為建立業界人脈的大好機會，畢竟，要將品牌或媒體端的重量級人

物連續鎖在一個城市好幾天，並不是件容易事，這些人大多是日理萬機的空中飛人。見面三分情，只要碰上一面，並不一定得立刻切磋出什麼大型合作案或是要獲得什麼資源，重要的是一種彼此聯繫與曾經熱絡的軌跡，對於未來的一切發展總是有益無害，不是嗎！當然，完全以目的為取向來進行社交的人也不在少數，但對我而言，建立新關係並沒有那麼大的壓力與目的性。

因此，時尚圈內的好手們、新手們，在時裝週期間，無不在分內工作之外，也盡可能的利用時間與機會試圖交誼出新關係。時裝週結束後，當大夥兒鳥獸散、回到各自的工作崗位時，日前彼此所打下的印象分數與曾經談論的話題，將奠定未來可能合作的契機。

究竟該如何善用機會呢？最好的方式當然是從人下手！尤其是把握每一次認識新朋友的可能。

在時裝週期間，什麼場合最容易認識新朋友，同時也能和老朋友們敘敘舊呢？老實說，還是在時裝秀上。你或許認為當所有人來到現場，無不忙著看秀、採訪、拍照，並在自媒體、媒體上焦急地上傳訊息、打卡……，哪來的時間聊聊天、交個朋友？實際上還是有的。因為從等待進場、坐到座位後的等待開場，若幸運沒碰到交通阻塞、

前一場秀的延誤，或是個人前一趟行程的耽擱……等，從進場到時裝秀的正式開演之間，通常還會有至少半小時到一小時的時間。試想，若一天至少跑 6 場秀，總計光是耗在時裝秀上的「閒暇」時間最多也有 6 小時，不好好利用豈不是太可惜了？

一般而言，秀場內的座位安排多是用區域、屬性……等，以ABCD 為編號，向下作區塊劃分。所謂的區域，就是各個品牌在全球行銷業務上的區塊性統合與管理，如北美區、亞太區、歐洲區……等，之後再依各個品牌的時裝秀規模，進行屬性上的區隔；而屬性，簡單說便是可分類出媒體、專業買手、VIP 或名人等類型。通常，媒體與專業買手是秀場中觀秀的兩大主角，若秀場是以一條直直下的傳統伸展臺搭建方式，那麼媒體與買手們便多會各占舞臺的一側，之後再進行區域性的座位配置；至於名人與 VIP 由於是相對少數，因此會依各品牌的處理方式來安插於媒體或買手側的區域上。如此劃分，看似壁壘分明，但無形中讓相類似領域的工作者，能在共通的專業語彙裡，更輕鬆地互通有無。這也無非使得在等秀開場前，有了可以和座位前後左右鄰居們，相互認識與討教所有訊息的可能。

是的，這般的座位安排，如果能好好的善加運用，不失為一個

擴充人脈的最佳場域；只不過，因為同區域的媒體或買手多被安排在一塊兒的情況下，常常也會出現臺灣和臺灣的媒體在一起，日本和日本的在一起，如此一來，若不稍稍積極些，還是會淪為只在熟悉的舒適圈中聊天的景況。所以，請試著多多和不只是身旁的坐鄰交談，與附近座位區鄰居們的眼神交會、聊個幾句（通常同一區域多在同一列，遠一點的其他列便是別的區域），一開始或許是公關話幾句，久了還能在閒聊中得知各區域的發展情形，雖然八卦與誇大成分可能也摻雜不少，但總不失是一個獲知各國時尚圈現象的好時機。

其實，天天在各個秀場碰面的時尚人，很像是其他行業研討會中的赴會情況，多屬於觀摩與分享成果的聚會，嚴肅層面居多。真的要找機會換上輕鬆模樣，聊些不一樣的話題，套套交情，可能得等到時裝秀後的 after party，或是品牌在時裝週期間的其他造勢活動中，以及秀後不論是自己私下安排抑或是品牌端安排的餐會上，才較為適當。不僅僅是因為近距離的相處更能聚焦、培養彼此間的熟悉度，席間再加上香檳、紅白酒下肚後，放鬆的情緒，更能讓白天每個人緊繃或難以親近的模樣，獲得一定程度的紓解，而彼此的關係在此刻也比較容易被建立。

當然，時裝週期間，除了能交到新朋友，還有更多是「老朋友」的相聚，為的是鞏固彼此的合作夥伴關係，以及商談日後更深入合作的可能性。尤其，在這裡所能見到的品牌老朋友，常有直達區域性高層或是總部最高層級的可能（為了時裝週的重量級時裝秀，品牌的重要高層會齊聚一堂）；利用此機會提前洽詢未來合作的方針，也遠比各自回到原環境後，再透過無數次的信件、線上會議交談，更能快速與直接取得共鳴與答案。就算無法獲得當次的合作機會，雙方也都再建立了一次深度認識的機會。如此，在時裝週期間一次次養成的人脈關係，無形中將替未來注入可期待的向上能量。

令人難忘的
秀場實況簡錄

許多時侯，觀看走秀當下的感動實難以向旁人敘述。時裝週雖如前所述，本質上是很現實的商業活動，卻也不需否認其中的藝術性及議題性。僅簡述五場最令我難忘的秀場實錄，盼讀者也能身歷其境。

Alexander McQueen 2006 秋冬

對我來說，Alexander McQueen 像是時尚界的藝術家，總能為時裝秀展開一場場不凡的對話。2006 秋冬，在教人激賞不已的服裝與音樂之後，超模 Kate Moss 降臨在無息投影的三角椎體中（那是無息投影尚未被大量運用的年代），有如精靈般的演出，看得全場觀眾感動得掌聲不斷。直到今日，那依舊是資深買家與媒體人津津樂道的一場秀。

Kenzo 2008 秋冬

雖然現在的 Kenzo 很潮牌感，但是當年 Antonio Marras 擔任設計師時，Kenzo 的時裝秀總以別具特色的 ending 驚喜收場。2008 秋冬，以首位走上國際的日本模特兒 Sayoko Yamaguch 為靈感，在秀的最後，大型圓形裝置一落而下，紅花片片掃灑落在模特兒身上，詩意十足！

Chanel 2010 秋冬

在巴黎大皇宮內，一座高達 28 英尺、重 265 噸的冰山成了秀場場布中的主角。Karl Lagerfeld 邀來打造著名瑞典冰雕旅店的 35 位工匠，耗時 6 天完成；並以這座冰山，呼應他當季對於地球暖化概念的抒發，而坐在台下觀秀的我，也冷得直打哆嗦呢。

Louis Vuitton 2014 春夏

那是 Marc Jacobs 在 Louis Vuitton 為女裝掌舵的最後一季時裝秀。他以全黑作為整場秀的主色，布景則是將數計以來令人津津樂道的旋轉木馬、電梯、旅館房門、火車站、噴水池……等全縮進了秀場，並以黑色如嘉年華般的服裝，向 Louis Vuitton 告別。

Issey Miyake 2014 秋冬

總以職人般精神貫穿 Issey Miyake（三宅一生）品牌核心的設計師宮前義之（Yoshiyuki Miyamae），對於鑽研材質的變化開發不遺餘力，甚至在時裝秀上，巧妙地讓模特兒以獨特的演出模式，呈現讓人眼睛為之一亮的「變化版」服裝作品，在所有時裝秀中稱得上是一絕。

設計師們
的戰場

4

當紅品牌的設計舵手換任：在初期的第一年，總是引來時尚人士的高度關注，
話題充斥媒體版面。圖為 2014 春夏 Alexander Wang 風光接下 Balenciaga 的首
季謝幕風采。

既然時裝週是設計師們不容忽視的焦點競技場，於這段時間齊聚在此的，除了一般人想像得到的資深或新銳設計師們，還有直接在設計師身邊一同工作的所有人員，而其他因間接理由來到時裝週的人士，數量是更極為龐大……。

謠言滿天飛的時裝週

人多的地方，八卦就多，對應在時裝週開展的期間當然也是精彩萬分！

尤其當業內佼佼者齊聚，每天都因為時裝秀得頻繁碰面，甚至期間還安排了不少的商業約會、飯局；再加上連媒體高層都在身旁的情況下，好、壞消息在這段時間會以高頻率四處流竄，一點也不令人意外。

在時尚媒體發酵的年代裡，時裝週絕對是挖掘話題、創造話題的最佳時刻，也是一年之中，各大品牌與媒體間彼此依存關係極高的時刻（可以共同擴充在媒體報導上的高能見度）。而這種現象在時尚全球化與集團化的腳步加速邁開後，話題與謠言的擴散力，便從原本

時裝週期間的發酵值，逐漸向外拉開至時裝週前後的一個月皆是擴張所及的範圍。

就我看來，現階段在時裝週期間前後的高八卦話題頻率，倒很像是有心人士試探時尚界反應的一種「放話」操作，有不少是高層所謂的「政治考量」。所謂的「高層」，指的不單是品牌管理或行銷端的領導群，還有品牌創意推手的靈魂人物，也就是設計師們。一般而言，最常見到的兩大謠言，都是和品牌未來走向最息息相關的：一是幕後大老闆的商業併購行為，另一則是設計師的換手；其中，又以設計師大位的相關謠言，最會觸動所有時尚圈人士的敏感神經。因為，若紅牌設計師被他牌挖走、因倦怠生病撒手不做了、和高管策略不符被請走，或是雙方不合鬧分手……，是否能換上對的新人，會不會產生水土不服的現象，都十足教人緊張。若是因現任設計師表現欠佳，而欲換任的，不論是高薪挖來的資深設計師或大膽啟用新銳，市場反應是否能叫好又叫座，可是攸關整個品牌的未來發展。難怪時尚人一談到設計師換手的謠言時，總會不知不覺繃緊神經，各種檯面上下的猜測聲浪，在人選定案前，一波又一波地，片刻不得安寧。

設計師的那紙合約

若再更進一步探究，排除像是 Giorgio Armani 這類擁有自家同名品牌股權力、設計大權也一手在握者，所有現任的設計師，除非是自發性地想交班、卸下重擔，一般而言，品牌並不會輕易地做出「換設計師」的決定。然而，各個大小品牌，都總會免不了得面對這十分棘手的「策略性」問題，這攸關一個品牌的未來定位走向──該走向經典優雅、街頭潮味、年輕俏麗，還是該向隨性自然靠攏，或未來前衛⋯⋯都和找來了什麼樣的設計師息息相關。而整個時尚圈中，除了 2019 年 2 月 19 日因病離世的 Karl Lagerfeld 在生前和 Chanel、Fendi 所簽的是終身合約，其餘的設計師都有一定的合作年限，當第一紙合約到期後，再彼此評估是否有再續約的可能。

只不過，當全球零售市場日益撲朔迷離，今日的時尚舞臺要像 2000 年前的紅牌設計師那樣，隨隨便便就拿下一張與品牌長達 5 年或 10 年合約的可能性，已大為降低。就連名聲響亮的 Alexander Wang 接任 Balenciaga 也不過短短 3 年的時間就說 bye bye 了。

合約到底該簽短還是簽長，才有利於品牌的發展？其實也沒個定數。一切關乎設計師的作品是否能和品牌與時並進地贏得市場好評。

曾經為品牌打下翻新形象與新江山的王牌設計師，像是 Marc Jacobs 為 Louis Vuitton 開拓百年行李箱定位以外的高端時尚語彙，成功讓垂垂老矣的品牌有了振奮人心的流行活力；同樣隸屬百年更新的英倫經典風衣品牌 Burberry，因為 Christopher Bailey 操刀翻新形象，為格紋老牌注入新視野；至於 Nicolas Ghesquière 為 Balenciaga 形塑的前衛大膽；Riccardo Tisci 之於 Givenchy 的暗黑哥德風；Tomas Maier 為 Bottaga Veneta 一手打造、徹底翻身的低調皮革世界之外的服飾、珠寶與家居的全系列奢華品味……等，無非各自為品牌創造了一片天，但是這片天，終究會迎來停滯不前的時刻。

於是，一連串的中止合作接連展開：Marc Jacobs 之於 Louis Vuitton 的 16 年、Christopher Bailey 之於 Buberry 的 17 年、Nicolas Ghesquière 之於 Balenciaga 的 15 年、Riccardo Tisci 之於 Givenchy 的 12 年，以及 Tomas Maier 之於 Bottaga Veneta 後的 17 年後，終於和曾攜手開創一片江山的品牌分道揚鑣，另覓新天地。這是壞事嗎？我想對一個創作者來說，再熟悉不過的合作關係，雖然會有穩當當的安全感，但是承接新品牌卻可能會激發腎上腺素飆升，能讓創作再添動力，未嘗不是件好事。相對的，對品牌端來說，若換上的新設計師，能為品牌拓展出新面貌、新族群的可能，更是再好不過了；尤其

2013年之後接連重量級大牌 Loewe（J.W. Anderson）、Gucci（Alessandro Michele）、Yves Saint Laurent（Anthony Vaccarello）、Balenciaga（Demna Gvasalia）……等都紛紛大膽換上非檯面當紅設計師，卻也都迎來驚人的蛻變與成長。

只是，在全球精品市場趨近飽和與前途未明的情況下，和新設計師簽紙 3-5 年的合約，試試彼此的默契再往下發展，成了一種常態。像是 2016 年風風光光從 Dior 來到 Calvin Klein 的 Raf Simons，雖然接起整個品牌旗下所有男女裝與各個副牌系列的首席創意舵手大位（是繼創辦人 Calvin Klein 先生之後，第一位擁有全品牌掌控權的設計師），劇情的發展卻是一路向下，最後，竟在合約到期的約莫九個月前，於 2018 年底正式解約；這場稱得上是 Calvin Klein 2.0 的改革計畫即便媒體叫好，卻因未能在品牌轉型中，快速脫離舊客戶不買單、新客層仍未足量的陣痛期，於是業績量下墜，管理階層失去耐心之下，最終走上了分手之路，令全球媒體不勝唏噓。

焦點品牌設計師換手的風風雨雨

當聲勢愈大的時尚品牌宣告設計師離任消息時，總能帶起最大

的時尚話題震盪，尤其是 2008 年全球金融危機之後，流行舞臺對這類流言顯得分外敏感，加上全球狂飆的業績在 2013 年中國頒布禁奢令後又急速緊縮，雙重作用下，每一季的時裝週總不乏設計師換手的謠言在場內外隨處亂飛。

其中，又以身處大型時尚集團下焦點品牌的換手謠言最受矚目。如名列 LVMH 集團中的 Dior，這個被譽為集團主席 Bernard Arnault 心中之寶的品牌，不論是 John Galliano 在 2011 年 2 月秋冬巴黎時裝週前，因酒後辱罵猶太人的不當言論導致 Dior 得快刀斬亂麻將其解雇，使得設計師大位懸空至 2012 年初才宣布由 Raf Simons 接手。或是 2015 年 10 月 Raf Simons 決定向待了三年半的 Dior 說 bye bye，2016 年改由來自 Valentino 雙人組設計師之一的 Maria Grazia Chiuri 正式上任……Dior 設計師大位的一舉一動，總是牽動著時尚圈的話題，而新任設計師所提出的創意主張不論是好或壞，都是時尚圈中不可輕忽的聚光點。

另一個同樣具有掀起圈內熱浪的則是 Kering 集團旗下的 Gucci，就在 Tom Ford 於 1994 年起，顛覆了一蹶不振的形象，使其成為流行舞臺中的偉大佼佼者後，Gucci 的地位便不容忽視，因此當 Tom Ford 在 2004 年宣布離開，如此大的超級震撼彈，不但讓時尚圈驚愕，更

使得隨後的接任者 Alessandra Facchinetti（僅 1 年）、Frida Giannini（約 13 年），長期得在媒體與業內人士將其與 Tom Ford「相比較」的陰影中存活（事實上，他們作品也的確大不如 Tom Ford），甚至業績也逐步向下探底。直到 2015 年，Kering 集團終於與多年來表現不如眾所期待的 Frida Giannini 結束合作關係，換上繼任者是曾默默在 Gucci 旗下工作長達 12 年的 Alessandro Michele；一直未曾出現在媒體長串猜測名單上的 Alessandro Michele，他的表現當然備受討論（或者應該說，眾人存著看好戲的心態）。因此，當 Alessandro Michele 於米蘭時裝週的首發作品上秀，全然打破 Gucci 歷任設計師風格的設計，旋風式地成為當季最夯的討論對象，而時裝週上媒體宣傳的爆發力，果然讓 Gucci 瞬間從谷底的業績爬起，現在已成為全球成長最快速的精品品牌之一。而同集團中的另一個焦點品牌 Balenciaga，在和 Alexander Wang 分手後，令人意外地大膽找來創立 Vêtements 的設計師 Demna Gvasalia，他以顛覆性的剪裁創意，即刻放大了 Balenciaga 在時尚舞臺的聲量與業績表現。如今，Alessandro Michele 和 Demna Gvasalia 同為時尚舞臺上閃亮的設計新星。

相對的，時裝週期間的謠言虛虛實實甚多，像是 Celine 設計師 Phoebe Philo 謠傳即將離開的八卦流竄了約四季後，才在 2018 年正

式離任休息。至於 Karl Lagerfeld 可能退休的消息，也總時不時地流竄著，直到他於 2019 年離世，終於印證他接受採訪時曾說的，「我從沒想過退休。」Karl Lagerfeld 直到過世前都還在病榻上交代工作事務；而接任他 Chanel 舵手大位的，是跟了他 30 年以上的得力左右手 Virginie Viard，而 Fendi 則可能由老佛爺多年的好搭檔，配件設計師 Silvia Venturini Fendi 掌舵。我們可以確認的是，每逢品牌創意大位釋出，設計師音樂椅的樂聲便開始響起，誰能獲得上位，誰又將退下陣來，全球零售業在消費者喜好快速更迭，設計師合約無法拉長的情況下，變動性的市場謠言勢必將持續在時裝週上不斷上演。

除了設計師大位的異動是整個時裝週期間，最具張力的八卦話題，另外，業界的高層人事變動，或是各區域媒體之間的角力，甚至是設計師的個人八卦……，也都成了所有參與時裝週之人在等待時裝秀登場前的空檔，最佳「閒話家常」的談論主題。到底茶餘飯後的討論是否真實，所有參與話題的傳播者應該不太在意，就我看來，對於有心讓話題散播的人來說，這何嘗不失為了解媒體與業界反應的一大途徑呢？所有的謠言，在定案槌落下的那一刻，所有紛擾與不確定性的猜測，才能隨之塵埃落定。時裝週上的謠言會就此打住嗎？絕對不可能，因為新的謠言將會再起，這就是時裝週上的生態啊！

新銳奮力搏出頭

若我說時裝週內的競爭，是勝者為王、敗者為寇，或許多數人並不見得認同，甚至會覺得我這樣的形容過於血腥、太嚴重了。的確，如果你不去看每季有多少新人在四大時裝週上的伸展臺或靜態展上尋求接單的打拚過程（這裡指的新人，並不單指年輕的新銳設計師，還包含在原區域市場發展良好的資深設計師初轉戰四大時裝週的新手），只將注意焦點落在時裝週上已闖蕩出一定知名度與市場性的品牌或設計師，你絕對會認為這樣的說詞有點太過激烈。

事實上，新人想要在國際流行舞臺上得到掌聲或是一點點注意力，如果沒有相當的人力（相當於有利的人脈）與物力支援、設計不夠有飽滿的創意續航力，即使已在四大時裝週的戰場上攻戰多年，最終鎩羽而歸的比比皆是。特別是每當全球經濟環境驟變，連原本已在此拚鬥多年的資深設計師，一不留神都可能無法繼續在燒大錢的四大時裝週上露面。

進入四大時裝週需要付出的人力、物力的投資，對於從各地離鄉背井、遠道而來，為數不少的新銳設計師來說，相較於出身地辦場

發表會的耗費，常是數十倍到幾百倍以上的差距，究竟為何大夥兒還是卯足了勁地想在四大時裝週上拚出點名堂呢？這個就像是對 3C 產業來說看重 CIS 展，汽車產業看重法蘭克福車展，家具家飾產業看重米蘭家具展……等一樣的思維；若可以在產業的核心重鎮，打入體系的圈圈內，即表示你離國際舞臺的腳步近了一些，若是能力好到受國際媒體的讚賞，以及買家下單的實質助力，或許成為國際流行品牌的日子將不遠矣！當然，以上的說法必須建立在創意強且運氣好的情況下；實際上，想要在資深設計師盤據、各區域新銳設計師們前仆後繼地來到四大時裝週上求發展、熬出頭，最重要的，是需要真正了解國際時尚買家與媒體的運作模式，以及充沛的創意能量，才能在一波波洪流中，不被拋離於舞臺。

依我的觀察，新銳要在時裝週上獲得掌聲，除了首先必須要能請得動重量級媒體或買家到場鑑賞，最需投注的還是創意這件事——鮮明的品牌風格、穩定的創作與縫製水平。如同多位日本設計師，不論是七〇與八〇年代時期的 Issey Miyake、Yohji Yamamto、Comme des Garcons，九〇年代的 Junya Watanabe，2000 年後的 Undercove、Tsumori Chisato 與 2010 後的 Sacai 等，他們在每個階段進攻巴黎時裝週時，總能在短時間內贏得高度關注與讚賞，這是其他區域的新銳設

計師轉戰此地所不一定能達到的成果。而他們在此崛起的共同點，就我看來，是依附在強有力且截然不同的穿著主張上，並為巴黎時裝週各自提出了「新鮮」的作品風貌，於是建構出站上巴黎時裝週的本事。巴黎時裝週總是能容納各類的創意能量。

另外，日本設計師們還有一個我認為很不錯的特質，便是私下有著相互提攜的精神，彼此也會到對方的時裝秀上觀摩、支援，讓彼此在嚴峻的巴黎時裝週上的打拚，不顯孤單，禁得起時間的考驗。或許這種團結的精神，也是日本設計師們總能在競爭最激烈的巴黎，不論環境如何變化，還是依舊屹立不搖的一大原因。

新銳們的時裝週選項

對新銳級設計師來說，四大時裝週到底該選擇哪一處作為發展最好呢？我的建議是「反求諸己」，也就是各個設計師必須先從自我的創意風格中進行相對性的市場評估，探究自己的設計特性能符合哪個區域買家的青睞，或是自己的人脈接觸點在哪一區有較大的發展性，才能降低初到當地發展的挫折感。

然而，發跡於某時裝週，就該死守到底嗎？這當然是沒必要的。

如同曾經離鄉背井發展的 Burberry、Pringle，在多年以米蘭時裝週為根據地後，最後在倫敦時裝公會的奔走下，重新回到血緣出生地倫敦的懷抱；以紐約時裝週周圍根據地發展的 Victoria Beckham，在慶祝品牌 10 週年的時刻將 2019 春夏秀移回倫敦；而離開紐約時裝週數季的 Proenza Schouler 與 Rodarte 則在 2019 春夏選擇回到了紐約的懷抱。設計師或品牌們策略性地嘗試在不同城市的時裝週作展，原因除了是想為品牌擴充不同的市場性探索外，也可能有降低成本或是贏得更多媒體關注的可能性在其中。

以巴黎時裝週為例，在大設計師、大品牌林立的氣場之下，新銳設計師要能在時裝週期間登上媒體的重要報導版面，實在困難重重；通常在平面報紙上能有一張近 10 公分高的模特兒照片、寫上幾句時裝秀的重點，算是運氣很好了。因此，移師到品牌參展數相對較少的倫敦，或是創意性略低但是市場性極大的紐約（請參考〈1 時尚與城市〉），或許能夠得到較多媒體回響以及買家的注意力，這是一種相對合埋的因應方式。

時勢所趨之下，流行市場在中國的大幅崛起，亞洲中的日本依舊是強大的支撐所在，加上南韓的不斷擴大，亞裔設計師向國際擴張的動能也不斷持續著。許多亞裔設計師皆聚集在紐約時裝週（這裡所說

的非土生土長的美籍亞裔設計師），如早年來自香港的 Derek Lam、南韓的 Yuna Yang、臺灣的 Jason Wu（吳季剛）、中國的 Vivienne Tan 等，已來此穩健發展多年，還有不少來自中國與臺灣的新銳們，像是 Lanyu、Calvin Luo、Just in Case……等比比皆是（期望他們有高續航力在此發展），顯示出美國消費市場的龐大與包容性，而亞裔設計師們的現代摩登設計，的確也較符合此區域的需求。至於倫敦，雖然位居四大時裝週之尾，但是由於倫敦服裝公會推動新銳參與不遺餘力，以及眾多從聖馬丁設計學院畢業的服裝設計新銳在地緣與人緣之便，也多投身於此，像是臺灣的詹朴、黃薇便是於聖馬丁設計學院畢業後，來此發展的新生代設計師，仍多處在小心經營的努力摸索階段。至於在國內已超過 30 年歷史，經營得有聲有色的夏姿 Shiatzy Chen，在 2011 年勇闖巴黎時裝週後至今，仍努力在成功的亞洲版圖之外，於其他全球市場拓展出一片天，讓品牌有更強大永續經營的力道。而中國的 Uma Wang、Yang Li 雖仍屬巴黎時裝週上的新生力軍，紛紛以旺盛的創作力，野心勃勃地在此搶鏡，未來發展相信無可限量。

5

設計師與集團

流行霸主的要角——

殿堂級設計師的魅力：老佛爺 Karl Lagerfeld 雖已在 2019 年 2 月因病離世，
但是他對於時尚舞臺的驚人影響力與地位，後筆難以超越。圖為 2014 春夏
Chanel 時裝秀。

我常常被許多時尚圈外人或莘莘學子們好奇詢問一個共同問題：「每一季的流行到底是誰決定的？」第一次被問這道題時，我一時間足足傻了兩秒。因為新一季流行哪些風格、款式、顏色……等，對我們這些相關的業內人士來說，好像是再自然不過的事情，就跟起床後的刷牙、洗臉是連問都不用問就會做的事情一樣，壓根兒從沒真的想問它們到底是打哪裡來，誰是幕後操控的最大老闆……。停頓兩秒後，我的回答是：「在縝密的全球服裝工業裡，從最前端的顏色、布料，到最後端我們看到時裝週上的時裝秀，事實上是以一種很規律且循序漸進的時程表，有系統性地進行著。先要有最前端色彩、布料的確認後，後端設計師才能依照已開發出的各種素材做創意。當然，一線設計師品牌會有自行開發布料的想法，但也只會針對部分，並非是全面性的運用。」譬如，當時裝週即將展出 2020 年春夏系列時，前端的布料趨勢已經完整地跑到了 2020 年秋冬，即將展出 2021 年春夏新作時，2021 秋冬已在準備之列；整個時程早了時裝週足足一年至一年半之多，以迎合後端設計的需求腳步。

　　接下來，通常圈外人的第二個問題會是：「那是誰決定布料的色彩和質感？」

　　從這些前端色彩與布料開發出的樣貌，其實也能稍稍勾勒出潮

流的最外框印象。像若是鮮亮的霓虹色與帶點科幻感布料的大量出現，可能暗指六〇年代的太空或普普藝術風潮即將回歸；當蘊含民俗風調子的印花與自然色彩的布料大量出現，可能將為嬉皮時代或是新時代的波希米亞風，開啟新篇章……。於是，設計師們在前端供應的原物料單位已形成的趨勢相輔下，各自在時裝週上推展出獨具風格的新一季創意，各自說著屬於品牌的流行故事。但是，到底哪些設計作品能擔任起流行的火車頭地位、那些設計師的前景最被看好……，如此的論斷權在早年的時裝週上是由媒體與買家所主導（現在還多了自媒體與部落客們加入發表個人觀點）；尤其具有第三方公信力的媒體語言，特別是全球數一數二的資深記者的評論，總是能引起一波波的討論聲浪，而這些聲浪也間接造就時尚圈 who's in 或 who's out（誰上誰下）的一連串效應。

媒體確實對設計師作品的能量散播具推波助瀾之力，不過若真的要引起大規模的席捲狂潮，還得有買家這個舉足輕重的助燃劑做足夠的下單助攻，以及當產品正式在銷售據點上架後，還得能牽動消費者的搶購熱度。以上要項備足後，新一波的流行霸主便自然誕生。

在此得先聲明，我所說的流行霸主和一般競賽中的得獎者並不相同，不僅不會有第一、第二名之分，霸主也不會只有一個，會有好

幾個近來表現卓越的設計師一同站在灘頭上，享受榮光。畢竟，現在每一季的流行現象已不像六〇年代以前，那時成衣工業尚未擁有大量製造的效能，因而多偏向單一性潮流來驅動時尚現象。如今每一季流行趨勢重點透過各個時尚主流媒體的觀察、整理之後，常常動輒有十大焦點，五大風潮可歸納，在這樣的現象下，你將不難理解為何目前流行舞臺上的霸主會出現不只一位了。

設計師霸主特質：大膽提出穿著觀點

要成為流行霸主，就我看來，作品必須要有一種強大的驅動力，影射出設計師內心對於穿著的想像！若這想像的開創力在當代足夠強大，提出了驚豔所有時尚人士的新主張或新線條，那麼緊接而來的正面龐大聲量，將推升霸主的形成。

在此，我特別舉兩個曾從谷底攀升成一方流行霸主的例子。Gucci 在 1994 年 Tom Ford 接任設計大位之前，早因為家族的股權之爭，弄得品牌在谷底盤旋了近三十個年頭；Frida Giannini 待在 Gucci 近十年的時間表現平庸，雖然她所詮釋的一季流行重點在媒體間仍多少會被看重，但銷售成績不如過往，影響力逐步下墜。Tom Ford 上

任後，重新定調新時代女性的性感自信風格，以及將丹寧時尚化、帶入高端流行殿堂的創舉，引領 Gucci 走上復活之路。即便 Tom Ford 已於 2004 年正式宣告離開，Gucci 依舊在時尚圈擁有不凡的霸主地位，因為 Gucci 的品牌擴展規模與影響力和當年已不可同日而語。另一個例子是 Celine。Celine 在現任設計師 Phobe Philo 接任前，雖換了幾任設計師，作品的創意力道不只是媒體不買單，連業績也每況愈下，陷入低迷；而 Phobe Philo 所提出的新極簡主義，以全然一新耳目的剪裁與穿搭層次，既翻轉 Celine 長久以來的品牌 LOGO 與形象，更為 Celine 拓展出有別於以往的市場關注力。這兩大霸主崛起的共通之處，在於設計師運用了當時流行舞臺上所缺乏的大無畏創意思維，為乾枯的品牌力重新定義並注入活水，一戰成名。

霸主只有資深設計師才能奪得嗎？當然不是！還是資深設計師總能站在霸主大位上比較長的時間？這一點或許是的。如同時尚圈對爺奶級的 Giorgio Armani、Vivienne Westwood 等，不論他們當季的創意如何，仍抱有一定的尊敬與重視，試想，他們在如此更迭快速的時尚環境中，還願意如此勤奮創作的精神，光是這點就很令人敬佩不是嗎！至於新銳世代在人力、物力不足的情況下，要拚搏打進霸主的殿堂，除了靠創意還真是別無他法（這創意還同時要帶動銷售）。

但是，若有能力透析市場未被滿足的需求點，進而激發創作出令人折服的大作，並持續端出有力的穿著思維，新興的霸主也能順勢升起。像是當年以時尚運動風崛起的 Alexander Wang、打破新時代穿著框架的 J.W.Anderson、前衛大膽的 Vetements、為 Dior Homme 與 Saint Laurent Paris 定調年輕酷味窄身線條的 Hedi Slimane（即使他已離開這兩大品牌，但是品牌影響力依舊強大）……等，至今仍是每一季時尚舞臺被關注的焦點。

成為設計師霸主的「機運」推動器

想在世界級的流行舞臺上贏得掌聲談何容易，不但得有足夠的財力物力，充沛的才華與創作的續航力，更重要的還要有幾分「機運」。

機運從何而來？最基本的是如何獲得重量級媒體們的重視，或甚至能受重量級名人欽點，選做出席場合之用的服裝，讓品牌有了加速出頭天的機會。尤其，當每一位新銳設計師或新興服裝品牌幾乎都曾在時裝週上度過默默無名的耕耘期，那段期間若能獲得名人或媒體的青睞，絕對能縮短出人頭地的時間。就讓我舉 Jason Wu 這個著名

例子吧！Jason Wu 在 2007 年初次推出首發作品時，的確秀出他是具有一定實力的新銳設計師，但在前美國第一夫人蜜雪兒歐巴馬尚未穿上其一襲單肩白色禮服出席歐巴馬總統就職晚宴時，Jason Wu 在紐約時裝週上的時裝秀並非是全球時尚編輯與買家們的必到之秀，也沒爆場的情況。但是，當蜜雪兒歐巴馬 2009 年 1 月 23 日就職晚會上，穿著 Jason Wu 禮服的畫面在全球強力放送，Jason Wu 瞬間就成為時尚界無人不知、無人不曉的一號人物（事實上，蜜雪兒歐巴馬在美國擔任第一夫人期間，穿上 Jason Wu 服裝在公開場合亮相的紀錄共有三次）；緊接著他下一季時裝秀的現場是什麼模樣呢？不消說，主流時尚媒體與買家們紛紛到場朝聖，Jason Wu 從此站上了國際時尚舞臺頭牌設計師之列，甚至在 2013 年至 2018 年間還同步擔綱 Hugo Boss 女裝創意總監之位。

我想你應該和我一樣清楚，不論在哪個行業，要獲得好機運總是可遇而不可求的，除了有一等一的能力之外，還常得經過時間與人脈的累積才行。不過，當機運來了，一旦手持名列一線設計師的門票，除非犯了極大的錯誤——作品呈現嚴重失常、創意有如江郎才盡般走下坡，或是品牌內的政治因素等影響——否則就等同於進入時尚界的名人堂，很難在一朝一夕間整個名聲掃地。

在每季的時裝週上，特別能看到眾多新銳與資深設計師們，卯盡全力地想在此期間博得聲望；而在這個流行業內最聚焦、最多高手齊聚的時刻，若能邀得影響力買家或媒體親臨現場，便是邁向成功之門的一大重要指標。因為，實力若能在媒體間或買家間散播開來，一則可促進知名度擴散，一則能為業績加持。但，每個媒體或買家在時裝週期間的邀約何其多，表定上會參與的時裝秀、靜態展或私人洽談的時間更是何其多，新手設計師若要能請得動他們，不僅須花點人際關係或技巧，甚至要做足心理建設——因為這一切耗盡心力，卻不見得會奏效。我們先前談到媒體端拿秀票時得面對現實百態，其實品牌與設計師端也同樣深受現實所影響。

　　這些雖看似現實，但卻無可厚非，畢竟四大時尚焦點城市的單一時裝週上，正規與非正規的時裝秀、靜態展，隨隨便便就有高達兩百場甚至以上的規模，如何讓人能一一答應參加呢！與其狹隘地說是市場的現實，我倒覺得，「時間」才是流行產業裡的最大敵人，它讓所有身在其中的我們，很容易因它直接或間接地受到傷害。換個角度看，若結合財力出手，時間是否能在創作實力之外被賦予新的可能呢？我想是的，這也是在全球化、集團化操作下，品牌力逐漸呈現不一樣的面貌。畢竟，有了財力的資助，人脈也唾手可得了。

集團霸主的特質：找出設計師與品牌的優劣性

哪個品牌或設計師不想擁有充裕無虞的資金，作為擴張版圖的基石？不過，當集團資金大量湧入後，一切真的都能美夢成真，還是會成為惡夢的開端呢？喔，千萬別認為我是個反集團化的激進分子，我只是就一切現象做相關的陳述。

平心而論，集團資金進駐，對單打獨鬥的設計師們來說，無非是拓展全球事業版圖的重要金援，設計師不僅無須過度擔心資金的周轉問題，還能有充沛的資金做想做的事，像是開旗艦店、加大工坊規模、品牌形象廣告的製作與投放、從事品牌活動……等；集團併購，似乎讓設計師品牌有了寬廣未來的夢想藍圖。沒錯，納入集團後若合作關係愉快、默契良好，確實能讓彼此互為最佳夥伴。

而從集團端的思維來看，釋出相當的資金要的當然是更大的回饋與報酬，如何讓品牌衝上高峰，衝出影響力，並且革新舊有的問題，是集團方願意談妥這門生意的重要因素，因此相當程度的管理與營收數字的要求是必然存在的議題。這就像是子女向父母要創業基金一樣，要父母給錢而不過問所有事，那可能是萬中取一才有的情況。而所有的干預、過問，難免會引起合作關係的破裂。

經典例子之一就是 Jil Sander，這個素有時尚圈極簡女王封號的設計師，當其在 1999 年將同名品牌售予 Prada 集團後，便讓品牌開啟了命運多舛的歷程。Jil Sander 本人在品牌分別於 Prada 和 Change Capital Partners 集團（Prada 集團後來於 2006 年將股權轉售 Change Capital Partners）經營期間，共有三進三出的紀錄，從這點看得出設計師與集團運營理念差異所造成的分離；到底，設計師 Jil Sander 在第一次離開前，已經營同名品牌超過 30 年的時間，要因應集團新管理團隊的建議做出各式各樣的妥協與調整，容易嗎？至於蔚為時尚界前衛詩人等級的設計師 Martin Margiela，風格低調、低調再低調的他，在 20 年後準備退休，計畫性地將 Maison Martin Margiela 售予 OTB 集團（OTB 擁有 Diesel、Maison Margiela、Marni 和 Viktor & Rolf，最新加入了 Paula Cademartori），現則由當年因酗酒醜聞事件離開時尚圈的 John Galliano 重新復出接掌大位，近來 Maison Martin Margiela 終於在 John Galliano 的努力下，開出了新時代的好成績。

　　成為集團一分子，品牌們獲得資金後，除了能有機會促使品牌地位攀升，甚至也能動用較足夠的人力、物力在時裝秀的呈現上。就像是 Valentino 在併入 Mayhoola for Investments S.P.C. 之後，雖然創辦人設計師 Valentino Garavani 因年長與創意停滯，被迫退休，中

間換上接任三季表現不夠平穩的 Alessandra Facchinetti 後，最終迎來了讓 Valentino 復興的雙人組設計師 Pierpaolo Piccioli 與 Maria Grazia Chiuri。曾是創辦人帶在身邊擔任首席配件設計師的兩人，一同致力於將浪漫、優雅至上的 Valentino 進行年輕化的更新計畫，再加上集團給予較過去豐沛的資金在全球展店上，Valentino 果然不負眾望地繳出了漂亮的成績單，其在今日的時裝週上已重新站上不容忽視的地位。即便現在雙人組設計師中的 Maria Grazia Chiuri 已在 2016 年單飛至 Dior 挑起創意大梁，Pierpaolo Piccioli 獨撐大局的 Valentino 風格依舊不滅；不可諱言的，兩人因為 Valentino 的結緣與鍛鍊，都已用實力拿到時尚界一等一創意扛霸子的角色。

通常，身為大集團中的品牌，媒體關注度相對較高，這樣的好處是曝光機會也相對增加；特別是接手集團大牌的新任設計師，更能一舉成為時尚媒體中的焦點明星，瞬間爆紅。最鮮明的例子便是在 2015 年秋冬米蘭時裝週展，開上任首季 Gucci 新風貌的 Alessandra Michele，因為其第一場時裝秀贏得驚豔掌聲，讓 2002 年起便在 Gucci 幕後工作且默默無名的他，躍升成目前流行舞臺上的當紅炸子雞，他就像是 Gucci 的救世主，救起了長期低迷的業績，不紅可能嗎！而他從哲學論斷、顛覆美學、思索今日生活、人際關係……等各個面

向所轉換出的無季節氛圍的創意作品，我認為在他「More is More」的核心思想中，恰恰好吻合了人們已經厭倦被規範、被制式穿著限縮、想尋求自我與自由的心境；果然，藉著這般形而上的思維，堆疊出 Gucci 不曾有過的繁複細節與穿著態度，Alessandra Michele 以全新視角翻轉了整個流行舞臺。身為 Kering 集團中最重要一員的 Gucci，當然也為 Alessandra Michele 提供了堅強後盾，滿足他每季心中的桃花源印象，有了各種詮釋的可能，甚至連佛羅倫斯的 Gucci Garden（為 Gucci 的博物館稱號）也以嶄新樣貌現身；Alessandra Michele 無論之於 Gucci，還是之於 Kering 集團，都為自己掙出了一片天。

相反的，如果設計師接手大品牌後卻操盤不當，當他離開品牌後，被市場遺忘的速度會更快，像是曾在 Celine 的 Ivana Omazic、Chloé 的 Paulo Melim Andersson，一度曾因在大牌之下受到高度期待，但是屢屢端出創意不足、市場反應力低迷的作品後，卸下大位便銷聲匿跡於一線設計師的舞臺。

千禧年後，
設計師與焦點品牌
的分分合合

Designer timeline by fashion house (years: 2000, 2001, 2004, 2005, 2006, 2007, 2008, 2009, 2011, 2012, 2013, 2015, 2016, 2017, 2018)

Burberry
- Christopher Bailey
- Riccardo Tisci

Celine
- Michael Kors
- Roberto Menichetti
- Ivana Omazic
- Phoebe Philo
- Hedi Slimane

Chloé
- Phoebe Philo
- Paulo Melim Andersson
- MacGibbon
- Clare Waight Keller
- Natacha Ramsay-Levi

Dior
- John Galliano
- Raf Simons
- Maria Grazia Chiuri

Givenchy
- Julien Macdonald
- Riccardo Tisci
- Clare Waight Keller

Gucci
- Tom Ford
- Alessandra Facchinetti
- Frida Giannini
- Alessandro Michele

Louis Vuitton
- Marc Jacobs
- Nicolas Ghesquière

Valentino
- Valentino Garavani
- Alessandra Facchinetti
- Maria Grazia Chiuri & Pierpaolo Picciol
- Pierpaolo Picciol

6

時尚「星光」現象群

超模現身的時裝秀：2015 春夏時裝週上，許久沒走上伸展臺的巴西超模吉賽兒
（Gisele Bündchen），因應 Chanel 時裝秀之邀，在「女性自主訴求」的秀上再
次邁開大步，展現超模非凡的專業風采。

我常常比喻四大時裝週開展為期一個多月的情景，就像是一群蜜蜂看見盛開的花朵蜂擁而至，「啾」一下子，快速地採完花蜜後，又風塵僕僕地打道回府，努力製造蜂蜜的過程，是奠定未來蜂蜜產出優劣與否的關鍵。

時裝秀亮點貢獻者

　　在各個時裝週上約莫短短 7~10 天的時間表中，除了當家花旦的時裝秀與最佳配角的靜態展之外，更多的還有品牌們運用話題所規畫的活動、Party、展覽；同時，還能看見全球時尚界的重量級媒體，如《WWD》、《紐約時報》，或當地的各種媒體，為製造時尚影響力與目光焦點的陳設或製作相關的刊物，為的是能吸引更多人的目光與被討論的聲浪……。以上林林總總匯集而成的景象，無非為短短一週排程的時裝週，增添更多的亮點與可看性，並且在人事物皆齊備之下，讓時裝週期間的城中氣氛處處充滿著活潑的時尚力；即使不巧碰到天公不作美的大雨或大雪紛飛時，能依舊維持該有的熱鬧度。

　　時裝週期間，城市裡除了到處都是為時裝秀、靜態展或是各大 Showroom 奔走的買家與媒體們，還有一群相貌不凡的人們，也是這

段期間馬不停蹄地穿梭在各個場域中，不可或缺的焦點對象，猜到了嗎？就是模特兒們。時裝秀或靜態展的前夕，設計師、秀導或選角人員們會在各個模特兒經紀公司的資料中尋找合適的人選，隨後再請模特兒到公司內進行下一步與設計師的會面、試裝、確認。模特兒界中的新面孔們，想獲得一場秀的上秀資格，可是必須在這段時間內不斷奔波於每個試裝的場域中。辛苦一定有代價嗎？這就有如新銳設計師辛苦地籌備一場發表會一樣，最終，不見得一定會有買家或媒體前來。因為，如果模特兒本身的獨特性不足，不符合設計師想要的樣子，或是不符合現下的「流行標準」，想要能上場，機會是微乎其微，頂多是在 Showroom 中擔任品牌的試衣模特兒，供買家對服裝穿起來的全貌有所依據，作為下單的參考。至於紅牌模特兒或是隸屬超模級的，當然早早便被品牌們鎖定了演出的工作單，頂多行前再做服裝的試穿確認細節；而未冒出頭的新興模特兒，試穿則是為了應徵工作，際遇大不相同。

你可能懷疑——模特兒的樣貌也有流行性？是的，就像九〇年代末至千禧年初的伸展臺上，盡是金髮碧眼、稱為「精靈系」模特兒們的天下，Natalia Vodianova（現已為 LVMH 集團少東 Antoine Arnault 誕下兩子）、Jessica Stam、Lily Donaldson、Sasha Pivovarova……等皆

是當年紅透半天邊的代表性人物；當時別說黑人模特兒幾乎不見蹤影，連黃皮膚的亞裔模特兒在秀場上也不多見。不過，自 2016 年至今，時尚界掀起了前所未有的模特兒多元面貌，不僅各類膚色的模特兒皆能在伸展臺上嶄露頭角，還有如大尺碼的 Ashley Graham、白斑症的 Winnie Harlow、伊斯蘭教的 Halima Ade……等，都能找到自己的一片天，這無非是時尚界擺脫長年被詬病崇尚「骨瘦如柴」病態美，與金髮碧眼至上的不成文共識之後的大躍進。這項轉變讓我備感興奮，畢竟能顛覆既有框架實在讓人血脈賁張，不是嗎？尤其伸展臺也能包容美的多重標準，更接地氣的作風，非常難得。

而除了走上伸展臺的模特兒們得為了時裝秀到處奔波，我們千萬也別忘了還有打造模特兒們上秀風采的兩大幕後功臣——彩妝師與髮型師，他們同樣是穿梭在各個秀場間的大忙人，隸屬重量級的或是加入特定美妝團隊的他們，總是一場秀接一場秀，馬不停蹄地趕路。通常，每一場秀會有一妝、一髮兩大首席先與設計師做造型上的討論，確認後，再分別由他們各自領軍一群幾十人的大團隊，確切分工，好為每一位模特兒在秀前的後臺做變裝準備；他們不僅得在時間內完成，還必須造型無誤，絕對得有承受和時間賽跑的超高壓的能力。此外，時裝秀上除了模特兒們的亮麗演出，襯托秀場場氛圍的塑造者：

場布、燈光、音效……等，這些舉輕重的幕後人物也皆在此貢獻專業的心力，為的是讓那十多分鐘時裝秀展演得盡善盡美。只不過，除了這些核心角色們在此貢獻專業技能，另還有一群睜著大眼、以渴望的眼神、位居外圈範圍的產業，也想在這難得、聲量不凡的「時裝週大拜拜」裡獲得一次不錯的跨界合作。

　　看到這兒你或許好奇，為何非服裝產業鏈中的業外者，也想來時裝週軋上一腳？究竟時裝週能提供什麼樣的特殊影響力？這得歸因於九〇年代後的時尚界在集團化、品牌化的推進力與蓬勃發展下，逐漸讓時尚成了一門顯學，不單單身在其中的專業人士卯足全力的貢獻所長，更大的變化是愈來愈多的產業都想和「時尚」兩字沾上邊。舉凡 Giorgio Armani、Gucci、Paul Smith……等，皆分別和 Mercedes Benz、Fiat、Land Rover 合作相關的限量車款；Versace 為 Tag-AI 頂級私人飛機打造內裝；還有 Prada、Giorgio Armani 曾與手機大廠 LG、Samsung 的聯名大作；甚至連法國礦泉水品牌 Evian、可樂大廠健怡 Coca Cola，都經常性地邀請服裝品牌聯名打造外包裝圖騰，Sonia Rykiel、Jean Paul Gaultier、Alexander Wang、Kenzo……等，都是曾經合作的對象。光是從上述的舉例名單看來，合作範圍相當廣泛是吧！時尚產業在各個品牌的廣告行銷的鋪陳，以及各類型媒體的話題傳播

之下，「時尚」與獨特品味的象徵逐漸畫上了等號，而這個等號，彷彿能把所有與時尚之名掛勾的人事物，提升到了較高的天秤之上。

時尚舞臺內如此的意識形態建構，不只圈圍出一群品牌粉絲，也在不經意間圈圍出獨到品味的推崇印象，而以上種種無非造就出其他外掛產業亟欲合作的要素，因為這些印象能使他們在同類型競爭者中脫穎而出，甚至暗喻自己具有更好的品質與品牌影響力。

於是，在四大時裝週上，你絕對能看到在時尚業內者出錢出力促成時裝週的多樣性，另還有一群外掛的車商、酒商、相機或手機品牌、彩妝與髮品品牌……等的積極參與。像是 Mercedes Benz 不但長年身為紐約時裝週的主要贊助商，同樣能在倫敦與米蘭時裝週上見到它的蹤影，甚至也在全球許多以城市為名的時裝週上擔綱主要贊助者，並在各個時裝週贊助上成立了 Mercedes Benz Fashion Week 的網頁，參與力道十足。另外，在那個相機市場仍大、手機勢力尚未鋪天蓋地進攻到你我生活中時，相機大廠 Canon 也是四大時裝週上的另一主力贊助者。外掛產業的品牌們之所以端出大把銀子，汲汲營營地在這段時間內增強與時尚界的連結度，不只是企圖贏得時尚人士的認同（通常時尚人士所影響的，是一群忠誠且具高擴散與影響性的族群，從時尚部落客的粉絲數與他們銜接而下的商業性，便可以得到印

證），更想因為在時裝週上的參與，凸顯自身與同類型品牌之間有別的商業定位，也就是增加了在實用角度之外的形而上思維，讓品牌的形象藉著與時裝週接軌，即便與同類競爭品牌的產品性一樣，但卻硬生生地讓人感覺好像變得時尚有型多了。而多元族群的加入參與，雖看似對時尚產業無直接性的影響，但事實上卻在潛移默化中影響世界流行機制運轉的豐富性，當有更多人理解時尚、尊重時尚，對於時尚的推動絕對是一件好事！

觀秀者穿著比拚

我們常常聽到：「適時適地的穿著，是一種對自己與對他人的尊重，更是一種禮貌。」但是當這樣的基本觀念搬到了參與時裝週上的人們，情況則是會「加乘再加乘」。怎麼說呢？由於四大城市的時裝週是全球最聚焦、時尚業內影響力人士最多的集合地，想想看，這不也代表全球熱愛時尚、視穿著為每日生活重要核心之一的時尚人，都將在此時處處展現自我獨到的穿搭風格，相互較勁？

用「較勁」一詞形容，或許誇張了些，不過相互打量是一定有的；打量，代表以睥睨的眼神觀看對方嗎？（這樣的畫面有點太電影情節

的誇飾了）其實也不盡然。同道中人，對於穿得好的，多少眼神裡藏著佩服之情；對於差的呢？可能會不經意地顯出幾分驚訝或不置可否的表情。那種數秒之間露出的不以為然的表情，看在過度敏感或心臟承受度較低的人眼中，心裡產生不悅情緒是一定會的；而這點可能又成了時尚人士常被披上勢利外衣的另一個原罪。就我看來，批判穿著的行為，在你我的周遭隨處可見，但在時尚圈中發生時，總是會被施以放大鏡；該如何應對？紅毯上的女星們會是最佳的學習對象，放寬心接受所有的批評指教，才能在這兒生存。

事實上，每個熱愛時尚的人，尤其是身在業內中的我們，雙眼早在不知不覺間被訓練成了「X光機」；只要眼睛輕輕一掃，隸屬箇中高手的便能快速瞧出對方穿著配戴商品的品牌，甚至是不是最新的當季設計，都逃不出他們的雙眼。聽起來不可思議嗎！別驚訝，這樣的現象在時尚人身上是再自然不過的本能，並非他們刻意養成，是自然而然就學會的一種「專業」技能。就好像神級的廚師們，無須仰賴計時器，光靠觀察食物的狀態，就知道烹煮該進行到哪個步驟。一切都是經驗值與知識的積累以及下足苦功所得來的。因此到了時裝週上，每個有機會參與其中的人，絕對有必要「精心打扮」。在此先聲明，時尚人的精心打扮可不是以浮誇模樣示人作為最高指導原則，強調的

是個人化、特色化與多樣化，更重要的還須具備當下的流行元素，如此才能稱得上是高段班的穿搭達人。

我依舊清晰記得當年剛到米蘭時裝週上看秀時的情景，那是個連賈伯斯的第一支 iPhone 都還沒研發出來，照相手機、社群媒體更都還在沉睡的階段，更別說時尚部落客這名詞還在天上飛，尚未落入凡間。時裝週進場觀秀的，清一色是媒體、名人與時尚買家們；而當年我在秀場上最愛蒐尋的對象，是當時時尚界的響噹噹人物——Isabella Blow 與 Anna Piaggi。

同為已故設計師 Alexander McQueen 伯樂的 Isabella Blow，總是為每一場秀換裝，既優雅又極富個人風格，而讓我印象深刻的是，她總每每能將 Philip Tracey 的帽子和身上的服裝搭得恰到好處；雖然 Isabella Blow 並非是個風華絕代的美人胚子，但是她駕馭服裝的豐富樣貌，讓人不多看她幾眼都難啊！不同於 Isabella Blow，Anna Piaggi 總是一身超花俏、超亮眼，甚至帶點奇裝異服感的混搭穿著組合，連臉上的妝也總是一派的鮮亮，成為時裝週上引人注目的焦點；她的穿搭功力，可是現在任何一位熱衷印花混搭的部落客，都無法達到的高辨識度呢！老實說，在剛少了她們的那幾季時裝週（Isabella Blow 於 2007 年離世，Anna Piaggi 為 2012 年），有時我還會不自覺地想在秀

場內找尋她們的蹤影；她們的離去，多少讓我有幾分悵然之情在心中盤旋，因為當時最令我期待的穿著風景，已然消失。

　　早年時裝週上厲害的穿搭要角，多是專業買家與時尚編輯；而今日的時裝週，拜社群媒體之賜，在街拍攝影師與部落客的興起之下，想登上穿搭魔人之列的人更多元了，從時尚媒體編輯與記者、部落客、時尚買家、造型師，甚至還不乏品牌的 VIP、明星等皆在其中。所以，在時裝週期間除了忙碌於跑秀，對他們而言還有另一項重要任務，就是如何在每日現身秀場時，能有令旁人驚豔，並讓街拍攝影師們搶拍的可能，才有機會進一步在全球各個媒體的時尚版面上搏出頭露面。千萬別小看每一次的小小曝光，若再加乘上自媒體的粉絲力，將會締造出個人事業新藍海的一連串可能。從全球知名的義大利籍部落客 Chiara Ferragni，與曾為俄羅斯版《Harper's BAZAAR》服裝編輯、身形嬌小的 Miroslava Duma，皆成立了自有時尚事業，並且與各大時尚品牌合作不斷的情況看來，懂得在時裝週上展現令人折服的穿著功力，不失為讓自己在時尚圈發光發熱的一種可能。

　　如何才能成為時裝週上被追逐搶拍的穿搭高手？該如何穿才到位？基本上並沒有任何規則可言，如何找出獨特的自我風格與品味，甚至能創造出有如千面女郎般的豐富樣貌才是王道。重點是，不但得

使當下的流行元素在身上發酵，最好呢，還要有顛覆一般常人習慣的搭配法則，以極具創意的穿著法，打造出令人驚豔或令人驚訝到有點怪的造型都好，因為那表示你很有想法。不過在這兒，可是超忌諱撞衫的！即使撞到其中的一件單品，也要靠個人穿搭功力，讓人乍看都看不出是同一件，那才稱得上是首屈一指的厲害。而在時裝週上的我呢，多年來在滿檔跑秀的行程經驗下，已練就出應對這期間的偷懶穿搭法，就是經常以非黑即白的服裝，與多面向的飾品、配件做混搭；我想做的是我自己的樣子，以洗鍊、不浮誇的風格，禮貌到場觀秀採訪，並且低調不被拍照，才是我的目的。

名模、名人、部落客終極影響力

　　時裝週上最應該被關注的焦點，是設計師們為新一季作品是否端出了有如「米其林三星」般等級的創意，這是無庸置疑的。只是，如此單純的需求，回應到今日的時裝週上，卻多了好多的附加產物；尤其當社群網絡強烈崛起，直播、即看即買等各式各樣的新策略不斷冒出，時裝週上的焦點在一季新流行之外，更多了「名人們」的必要存在。而所謂的名人在時裝週上並非單指明星、歌手，只要具有一定

影響力的超模、名模、名媛、部落客……等皆稱得上是「名人」的涵蓋範圍。因為，當名人在 Instagram、Facebook、Twitter 隨手發一則分享秀上照片或訊息的貼文，就能號召成千上萬、甚至百萬千萬名粉絲的關注力時，無怪乎名人們的重要性在自媒體發燒的現在，已逐漸凌駕於傳統媒體之上。這也難怪具有行銷預算實力的品牌們，每場秀總是邀了浩浩蕩蕩的名人群在前排座位看秀，好讓每一次的時裝秀訊息能在秀展前後瞬間爆炸開來。

　　名人的影響力，其實古今皆然，只是在數位傳播高速發展的現在，名人握有的擴散力更到了無遠弗屆的境地。而名人的定義和上個世紀以前相比，更有著不同視野之下寬廣的解釋標準。還記得法王路易十六的時代，皇后瑪麗安東尼為後世喻為「拜金」的時尚追逐，掀起了當代法國貴族名媛間的流行效仿潮──洛可可式的誇張裙撐、高到不能再高的華麗假髮與髮飾──此浪潮造就出西洋服裝史中極具重要性的浮誇面向。另外，緊接在後，來自英吉利海峽另一端的英國，維多利亞女王的穿著風潮，同樣在當時的英國造成不可小覷的勢力，甚至其夫婿艾伯特親王於 1861 年離世後，女王長年不戴王冠、只著黑色喪服的模樣，也同步影響當代。從維多利亞女王當時的穿著風範，至今仍不定時地在伸展臺上現蹤影，足以見得其在設計師們心中

所奠定的強烈印象。以上皆是在那個媒體力不足，傳遞訊息緩慢的年代，名人間的影響力總是繞著固定的社交圈打轉，很難全面性且快速地普及。

十九世紀之後，伴隨媒體力量的逐漸發展成熟與工業革命後促成的工商業實業家蓬勃誕生，名人的定位點逐漸從傳統封閉的貴族世家，向外擴散至名媛士紳，而相伴其左右的藝術家、服裝設計師、演唱名伶等，也成了這群名人簇擁的推手。他們在品味與生活上的喜好，驅動著那個年代時尚步伐的推進力，雖未有爆炸式的發展，卻是一種步調穩健、跨區域王國的建立。而真正由名人所引發的大效應，則端賴各種新玩具的誕生與普及，才有一番名人影響力的新革命，那就是──留聲機、電影放映技術的崛起；這兩大發明造就出影視巨星、歌手等，毫不遜色於貴族、政治與經濟世家們的影響力。

事實上，具備全球市場的影視巨星與歌手，不可否認地，已經以他們龐大的粉絲號召力，超越政治家與豪門貴族所能帶起的浪花。（想想，Gucci 當年的一款 hobo 包，因為美國前第一夫人賈桂琳‧甘迺迪的愛用，更名為賈姬包，成了品牌的熱銷經典款；Hermès 的 Kelly 包也因為摩納哥王妃葛麗絲凱莉的熱愛，在 1977 年更名為凱莉包；Dior 經典的黛妃包，無須多解釋，是來自當年英國黛安娜王妃的

青睞）另外，過去 Rihana 曾應 Puma 邀請操刀設計的 Fenty Puma，爆發力不僅一點都不遜於明星服裝設計師的魅力，還更勝貴族世家之人穿戴的影響力道；Rihana 之於 Fenty Puma 的影響力，最終讓 LVMH 集團相中，正式以 Fenty 之名成立女裝品牌。連陷入銷售與定位危機的 Tommy Hiliger，曾因為連續幾季請來超模 Gigi Hadid 跨刀共同設計，嘗到銷售的甜頭。這股效應力道的持續延燒，促使 2005 年以來的各個時裝週上，總不乏品牌們捧著大把大把鈔票，想盡辦法地邀約重量級明星或歌手成為前排嘉賓。這個策略不單單是為了彰顯品牌與藝能界間的關係與能耐，更是期待能藉此增加品牌時裝秀的整體曝光度，還有透過明星個人的粉絲力，希望粉絲們的愛屋及烏，能為品牌知名度與銷售的擴張貢獻心力。

　　明星，確實是二十一世紀創造品牌知名度的一大催化劑。然而，如何邀約能達到相輔相成效益的明星代言或出席時裝秀，價碼又能談的攏，實在不是一件容易達成的任務。幸運的是，在媒體擴張的議題聲浪高漲、數位時代的個人社群平臺 Facebook、Twitter 與 Instagram 的盛行下，伴隨「It Girl」字眼的出現，以及因實境秀而捧紅的新形態名人，像是 Alexa Chung、Olivier Palermo、Kim Kardashian……；因為經營穿搭內容而崛起的 Chiara Ferragni、Bryan Boy、Aimee Song、

Irene Kim、Susie Bubble⋯⋯等人，讓品牌們的名人選擇標的不再只能落在明星們身上。同樣具有廣大粉絲號召力的新形態名人，為時裝秀的風景增添多樣化的面貌。由於他們與時尚的關係遠比明星們更為緊密，因此稱各大時裝秀是他們演出的最佳舞臺可是一點也不為過；畢竟，他們幾乎各個因時尚而生，因時尚而紅。

除了名人，在時裝秀上舉手投足盡是風雅的模特兒們，想當然耳地更是時裝週上的另一大亮點族群。尤其，名模、超模等級的更儼然已成為名人之列，出現在時裝秀前排座位比起其他名人們，更是毫無違和感，不是嗎！但是名模很美，影響力是否真的夠大呢？就讓我舉個當年超模的例子來說說。崛起於九〇年代的超模 Kate Moss，雖然不具有最完美的高佻身形，不過獨樹一幟的個人風格，卻深受許多服裝設計師、攝影師與時尚雜誌的青睞，而她起起落落的人生歷程，更加塑造出她的非凡特質。最有趣的現象是，在 Kate Moss 極富個人穿搭特色的風格主導下，其顛覆高低單價間商品的分野，靈活的 high 與 low 服裝搭配，以及她憑著特殊眼光挖掘的新品牌單品或穿著方式，每每掀起廣泛的討論聲浪，甚至造成市場的搶購熱潮，特別是在那個社群平臺還未像現在如此火熱的時代，影響力真是一流！於是，像原為英國再傳統不過的雨鞋品牌 Hunter，因為 Kate Moss 的

時髦穿搭，有了前瞻的未來性轉型，從雨鞋晉升為時尚品牌。當然，Hunter 的轉型不能說全來自 Kate Moss 的功勞，但是她的穿搭力讓一個老老的功能性導向品牌有了新的想像空間，這空間，造就出 Hunter 的新未來。而和 Kate Moss 曾經聯名合作的品牌更包含了 Topshop、Longchamp、Equipment⋯⋯等，足以見得她以超模身分所推動的不凡擴散力。

至於目前新生代超模中具有高粉絲力的 Gigi Hadid（IG 粉絲 4,018 萬）、Bella Hadid（IG 粉絲 1,788 萬）、Kendal Jenner（IG 粉絲 9,077 萬）、Cara Delevingne（IG 粉絲 4,119 萬）、Gisele Bündchen（IG 粉絲 1,540 萬）、Miranda Kerr（IG 粉絲 1,175 萬）、Karlie Kloss（IG 粉絲 728 萬）、Coco Rocha（IG 粉絲 130 萬）⋯⋯等，也總是不斷在秀場前排座位或伸展臺的走秀角色中轉換著，甚至擔綱品牌系列的共同設計或代言人，算是每季時裝週上，爆發力依舊的超模名人。此外值得一提的，由於秀場外總是聚集超多街拍攝影師捕捉名人與模特兒散場時的私服身影，不少品牌們也會趁機大方地將秀上穿的鞋、包贈與參與走秀的模特兒們，好讓他們也可以在此期間，因為個人穿著的選搭，提高時尚媒體穿搭版面的曝光度。由此看來，模特兒、名人的有型穿著也成了品牌們擴散知名度的一大重要管道。

攝影鏡頭下的
畫面軌跡

7

街拍攝影師的鏡頭：堪稱是街拍攝影師鼻祖的 Bill Cunningham（2016 年 6 月 25 日因病離世，享年 85 歲），生前總是一身藍色夾克、卡其褲，簡樸地在各大時裝秀場上穿梭著，盡心盡力捕捉鏡頭下最美的時尚畫面，有如時裝週上的攝影公務員。

不論時裝週自九〇年代後至今產生了多大的變化,有一個場內外的重要角色缺之不可,那就是攝影師;他們以手中的鏡頭,記錄著每一場秀的一套套精彩服裝與畫面。不過,在時代的變化下,攝影師所被賦予的面向如今也變得很不一樣了。

秀場上的畫面紀錄師

我常常覺得在一場秀上,攝影師的任務遠比大記者或大編輯們手上的筆或是電腦來得重要,因為光靠文字,實在很難貼切且完整地訴說一季服裝的完整樣貌,但是攝影鏡頭卻能使媒體們的報導有了活生生的表情。想當然耳,秀場上全球攝影大哥們所處的區域,可是有如聖地一般不可侵犯。如果不是特殊的模特兒走秀動線規劃,通常在一般伸展臺的正前方、一層層架高的攝影區上,總是擠滿了全球媒體的攝影師(約莫 50 人到 200 人的規模——依品牌大小、場地大小、願意前來,以及能夠容納的數量而定);他們不但和媒體、買家們一樣,得申請到秀票才能入場,還需拖著沉重的器材,在一場場時裝秀中奔走,並且至少需要約 30 分鐘前在聖地中卡位,才能捕捉時裝秀的最佳畫面。

攝影區中的攝影師們，無形中也發展出一種既定的政治性。資深派的歐美大攝影師們，即使沒有早早來到現場，也會有最好的位子等著他（當然是來自後輩的占位與讓渡身邊的最佳位子）；但是對於初次來到這裡攝影師，要想謀得好位子，難度實在有點高。所以過往攝影師們為了位子問題破口大罵甚至大打出手的事件也都時有所聞，因為有好位子、才有好畫面、才能順利交差啊！因此，如果你偶而看到新聞求快速發放的報紙照片、電視新聞的影片歪歪斜斜的，請包容，畢竟最好的攝影位子不是給了官方攝影師，就是給了國際主流大媒體或大通訊社。

　　回顧秀場內的攝影師，在社群媒體還未進展到如此龐大的年代裡，被品牌端與媒體端重視的程度總是比場外的街拍攝影師來得大上許多。但是曾幾何時，當手機也有了攝影與錄影功能（還好攝影畫質仍不及專業相機與攝影機），自媒體與社群媒體前仆後繼的畫面需求下，秀場內攝影師的單一時裝秀畫面，不再是唯一具有話題性的素材，秀場邊的鏡頭，可能更具吸引力，連同街拍攝影師的重要性也隨之水漲船高。

街拍攝影師的轉變

對資深參與時裝週的品牌、買家與媒體人而言，從 2008 年全球金融風暴後，自 2010 年起逐步復甦至今，全球時裝週上的轉變，快得令人窒息且難以適應。尤其 2013 年後的轉速，在社群媒體的蓬勃發展下，幾乎進入失速狀態，究竟該順著這速度迷惘地向前轉，還是該以抵抗外侮的心態堅持故我，一切觀察看看再說呢？老實說，我沒有最好的答案——走的太快是否會粉身碎骨，走太慢是否有沉船的危機，都得依每個品牌的定位與方向進行審慎的調整。但可以確定的是，無論快慢，就是絕對不容許原地踏步，因為在數位時代消費者行為大幅轉向的當頭，若不換顆腦袋、進行適切的調整，即將收到的結果將是消費者的轉身，一去不回頭。

除了品牌們得適應消費者的變化，其實對買家與媒體來說，更何嘗不是有同為族人的感慨，因為消費者與讀者在手機中所能獲得的訊息餵養已經益發龐大，口味也愈來愈重。於是，中規中矩的報導與觀點早已無法贏得手機螢幕前閱聽眾的目光，需要的是更大膽、更直接的論述，在如此的時空背景與科技輔佐下，部落客與街拍攝影師自 2010 年後大幅崛起，更成為時裝週上奇妙的新風景。

在談及街拍攝影師之前，我必須先提出說明——街拍攝影師的崛起，其實並非是現代的新鮮事！早在 1978 年，Bill Cunningham 便已開始在紐約街頭以鏡頭捕捉美妙的服裝穿著者身影，為《New York Times》提供他鏡頭下所捕捉到的一張張美好穿搭奇景，蔚為街拍界的始祖。隨後，從四大時裝週的排程確認和商業模式的底定，到 2010 年之後來自社群媒體的爆炸式發展，街拍攝影終究進入了新時代風起雲湧的發展期。而 Bill Cunningham 直至 2016 年過世前，也始終是時裝週上最稱職的街拍掌鏡者，並總是擁有所有時裝秀的攝影師入場資格；即使高齡 80，也總是一身藍色工作服、卡其褲的標準樸實裝束，拿著相機，穿梭於秀場內外獵取他眼光下最有型的穿著影像，像極了時裝週舞臺裡的公務員。我曾經在時裝週秀場內外默默觀察他，掌鏡時的他並不在意對方是誰，只在意鏡頭那端的畫面美不美、有不有趣，每當他找到美好焦點時，按下快門的當下，臉上總是帶著滿意的微笑。除了傳奇的 Bill Cunningham 於離世前季季在秀場內外盤旋，當然還有更多的街拍攝影師經常守在秀場外，等待模特兒、名人、時尚人士進出時攔下他們拍些美美的穿搭照，好提供時尚雜誌或網站們製作相關的「達人穿搭」單元，而這類的需求度，一開始尤以日本時尚媒體為多（這或許和日本讀者向來喜愛觀摩達人穿

著，好加以運用在自己身上有關）。不過，這樣的現象演化至今，已經成了全球時尚媒體內容的共有方向，只不過當自媒體發酵，獨立的街拍網站、部落客如雨後春筍般地迸發而生後，街拍攝影師的型態，不再像過去得依附媒體和品牌而生，街拍攝影師也能成就出新型態的商機與地位。也就是不論街拍攝影師以個人部落格形式發表，或是和穿搭部落客們的共同合作，抑或是偶爾提供素材予媒體們或相互合作大型企劃，街拍攝影師儼然有了不同於以往的角色重整。

街拍鏡頭的新視野

沒錯，街拍攝影師的確是今日每場時裝秀周遭的最佳駐足夥伴，每當我在時裝週跑秀，在秀場地點周邊陷入不知該往哪裡走的迷惑時，只要遠眺一番，看看哪兒聚集了街拍攝影師們，就能獲得答案；按照這個線索看來，街拍攝影師的勢力不容小覷。只不過，光靠街拍攝影師們的龐大存在，還無法讓今日時裝週和十年前相比明顯「蓬勃」許多，這蓬勃的情景除了仰賴每季必到的全球重量級媒體、買家、模特兒、部分超級 VIP 與名人之外，最重要的還有時尚部落客們也加入戰場。於是，街拍攝影師在時裝秀外擁簇地追逐「美麗獵物」，和

到場參加時裝秀人士們的精心打扮，時而讓我萌生時裝週上的主角究竟是場內的設計師新作，還是場外爭奇鬥豔「時髦裝扮人們」的疑惑感！特別是當部落客的粉絲影響力已成了一門事業，隨時 Tag、隨時發布最新秀場訊息，已成為他們散發時尚影響力以及和粉絲們交流的常態，連強有力的部落客身旁也開始跟著專屬攝影師的情況看來，除非粉絲們看膩了這套模式，否則此現象只會益加熱鬧地發展下去。

對於在流行產業走跳超過 15 年以上的部分資深時尚人而言，看著街拍攝影師與部落客之間的「採蜜」現象（我之所以稱為採蜜現象，因為他們彼此間的共生關係有如花朵與蜜蜂），多半會感到幾分不耐，甚至較屬衛道性格的，還會心生幾分睥睨情緒。我必須坦承，一開始，看到這般簇擁現象時，我也同樣心懷疑慮，但是在長時間觀察它的擴散與再發展後，我倒覺得這不過是一個時尚舞臺的歷史變革。就如同不論你我是否喜歡手機、是否喜歡社群媒體、是否願意迎接 AI 人工智慧時代的到來，它們都將持續地向前放送其力道，來影響這個世界；我們不妨順勢接受與擇善固執地加以運用，不僅能擴大效能，或許還有端正風氣與創造新未來的可能。

畢竟，從加拿大籍街拍攝影師 Tommy Ton 捕捉的畫面裡，我看到色彩與印花的魅力，看到了穿搭高手在配件與服裝之間的巧妙安

排；還有屬於他的鏡頭切割張力——特殊飄動的裙襬、髮絲；行動間或停頓時的獨特氣息；超然的時尚穿著——我必須承認，這些也影響著許多時尚雜誌，紛紛以此概念製作主題。不論是美國以時尚圈新聞、完整時裝秀圖與街拍圖的 Style.com 網站上（網站已在 2015 年轉型成電商，又不幸地在 2017 年因轉型失敗關閉）曾為 Tommy Ton 開專欄展現他的街拍作品，或是與美國版《Harper's BAZAAR》合作的平面時尚大頁面的單元，都看到了不一樣的可能。特別一提的是，2018 年 Tommy Ton 也從享譽全球的鏡頭下美感，再延伸出一個新職稱：Deveaux 女裝設計師，2019 春夏是他的首發之作；誰能想到，街拍攝影師也能「拍而優則設計」。一腳跨入服裝設計的領域。

還有 Scott Schuman，這位在全球街拍攝影師中以「The Sartorialist」創辦人之姿，打造出已有破百萬粉絲關注的街拍部落格網站（是目前所有街拍部落客中的佼佼者），也曾是 2007 年《Time》雜誌時尚圈百大具影響力人士中的一員。有別於 Tommy Ton 讓街拍作品以一種時尚形態的張力鋪陳作為主訴求，Scott Schuman 的作品除了美麗吸睛，還多了幾分人物的氣質與靈魂在其中。於是，他不僅也成了時裝周秀場內的必要存在，Scott Schuman 的創造力與影響力，更讓他與精品品牌如 Loewe、Coach 等，有了進階式的深入合作。

部落客的畫面影響力

在街拍攝影師補捉的畫面之中，經常出現的是部落客們大膽做自己，大膽穿出個人風格的無畏主張，這似乎也影響著現下時尚舞臺多元風格的形成。在我的記憶中，2000 年前敢如此大膽穿顏色，將印花做複雜組合的人尚稱少數，甚至相當多的一般消費者還擔心太顯眼的色彩或印花，會易有過季感的問題產生而不敢多加購買或嘗試。因此，除了願意大玩印花的設計師熱愛此道，或是以印花風格為品牌一大核心的 Dries Van Noten、Emilio Pucci、Etro……之外，其他設計師們多是偶一為之。但是當部落客們極盡用力地將「繁複」穿上身，使盡各種穿著的新創意現身秀場周遭，透過部落客本人的社群力以及街拍攝影師，似乎也潛移默化著粉絲們的觀看習慣，甚至愛上這樣的表現。

另外，再加上數位印花技術精進的推波助瀾，間接促成近年來「花花風格」在流行舞臺大放異彩，絲毫無須擔心過季與退潮流的可能。而本來就走此繁複風格的 Gucci 設計師 Alessandro Michele 自 2015 年接任後，在這股潮流之中盡情揮撒顛覆性的創意思維，儼然使他提出的「more is more」（講求繁複元素的穿搭概念）風格，成為現階

段的流行語，而一整身看似違和的各式不同花樣的組搭，在偕同個人主義穿著風格的暢行下，那般的違和在街拍鏡頭裡，反而多了那麼點「奇」，而那點奇能在社群網絡中贏得更多的關注。

結果，那個自 2009 年 Phoebe Philo 上任 Celine 之後颳起的「新極簡主義」，似乎隨著 Alessandro Michele 的極繁熱浪的吹拂，以及 Phoebe Philo 在 2018 年秋冬卸下 Celine 設計舵手之位後，再度退位；就如同九〇年代由 Jil Sander 與 Calvin Klein 所帶起的第一代極簡主義，同樣在 Gucci 的 Tom Ford 時代來臨後，退居次要角色。

對我來說，不論部落客與街拍攝影師所帶起的時裝週現象未來如何發展，任何時尚圈的革新與變化都是好事。變化總比無聊、停滯不前來得強吧！變化的過程，在經由時間的淬鍊篩選後，便會逐漸來到美好的康莊大道。這彷彿是時尚界的「物競天擇」，不是嗎！

時裝秀周邊的
話題力

8

展覽的多元形式：時裝週期間，除了時裝秀還有更多各式各樣展覽推出。2015
年秋冬，Prada 特別在巴黎服裝週期間於店內，以擬人模特兒們為主角，揭開
「The Iconoclasts」這個別具戲劇性與視覺性效果的店內展。

俗諺：「人多好辦事。」將這句話套用在時裝週上也是再適合不過了。辦一場時裝秀，的確需要相當多專業人士的鼎力協助，而且更重要的工作是如何在如此多重量級人士齊聚一堂的當下，能夠同時創造品牌的正面聲量，這絕對是另一個更大的任務。畢竟，這段期間是稱得上是「人多且質量佳」的大型聚會，若不好好善用且宣傳一番，可不白白浪費了大好時機！

製造聲量權

或許，你會認為時裝秀本身已經是鎂光燈的焦點所在，設計師的最新創意應該就是最好的宣傳品了，還需要其他的嗎？的確，展出一季最新設計的時裝秀本身，絕對是品牌在時裝週上無庸置疑的當家花旦；但是我想再邀你仔細想想：當整個時裝週上，盡是各個品牌的「新創意」發表大會，幾乎所有人都參與且觀賞了每一場重要時裝秀，一場緊接著一場的時裝秀消息曝光與各個媒體平臺上的發酵，是否很容易讓上一場的時裝秀新聞因為下一場，或是隔天的新登場時裝秀們所稀釋呢？即使不見得被全然稀釋，若不花些巧思，於新聞的露出比例上，勢必也相當容易被其他場時裝秀給快速淹沒，對吧？因此，每

個品牌在新一季實質的服裝表現之外，如何讓時裝秀本身能同步具有可看性或爆炸性的話題做延燒，是各個行銷公關部門得努力構思的橋段。因此舉凡：前排座位的明星與名人邀約、特殊走秀嘉賓的參與、秀場幕前幕後的花絮故事……，在在都是為了造就品牌時裝秀於媒體與自媒體前，能有更豐富的報導元素，進而促使整體新聞曝光具備更有效的擴張力道。

近來，不斷在走秀嘉賓上用盡全力的最鮮明例子，非 Dolce & Gabbana 莫屬了。Dolce & Gabbana 為了提升之前連番的公關危機——2014 年因逃漏稅風波遭義大利法院起訴，雖終在 2016 年獲判無罪，但是對品牌形象上的傷害已經造成；此外，2015 年則因雙人組設計師接受採訪時提出反對同性家庭的言論，引發英國歌手 Elton John 帶頭抵制該品牌——造成品牌的全球競爭力急遽下降。於是，在 2017 年秋冬的男裝秀上，Dolce & Gabbana 做出了首次的顛覆性主張，就是以「社群網絡上具分量的網紅們」，取代專業的模特兒走上伸展臺展示新裝。如此翻轉傳統既有手法向話題市場靠攏的行徑，果然引來專業人士們的側目，並確實讓低迷了好一陣子的 Dolce & Gabbana，瞬間在社群網絡中大熱。因為在 2017 秋冬男裝秀上，舉凡當時擁有 2,132 萬粉絲的美國網紅 Cameron Dallas、870 萬粉

絲的墨西哥網紅 Juan Pablo Zurita，還有九〇年代全球五大超模之一 Cindy Crawford 之子 Presley Gerber、英國男星 Jude Law 之子 Rafferty Law……等共 49 位的網紅或星二代助陣下，品牌討論度立即在全球社群網絡上迸發開來，不消說，業績也跟著一掃低迷。Dolce & Gabbana 從此樂此不疲。到了 2019 年春夏女裝秀上，我們看見黛安娜王妃的姪女 Kitty Spencer、中國新疆的迪麗熱巴、南韓女團少女時代前成員鄭秀妍（Jessica），到義大利影后 Monica Bellucci、全球最知名的大尺寸超模 Ashley Graham、法國前第一夫人 Carla Bruni……等一一走上伸展臺，不禁讓人佩服 Dolce & Gabbana 不僅在千禧世代、星二代上頻頻出招，更是投出大資本在各類型的名人走秀嘉賓上，以白花花的銀子搏聲浪（不論好壞與否）的企圖心十分強大。你可能好奇，這樣的招數 Dolce & Gabbana 會玩多久呢？我必須說，只要需求仍在（換算成網路的度量衡語言，就是串流聲量依然不斷攀登高峰），就不會有結束的一天。只不過，Dolce & Gabbana 雖然屢屢在時裝週上贏得廣大聲量，卻在 2018 年 11 月間的一則前往中國舉辦大秀的宣傳廣告上，陷入「辱華」危機，白白讓同年 9 月舉行的 2019 春夏秀上，迪麗熱巴成為走秀嘉賓的正向影響力，頓時跌入谷底，迪麗熱巴當然也立即終止擔任品牌大使的合約。

說真的，品牌想以時裝秀製造豐富的話題性，說難不難，說容易其實也很不容易。其中最重要的環節就出在「Money」身上。從邀約名人、超模看秀或走秀，秀場要特殊陳設出引人「哇」聲不斷的裝置……等，哪一項不是需要大把大把的鈔票助陣，和有力人脈才能達成任務？這不禁讓我時不時覺得，在今日全球媒體嗜以高話題度的名人與時裝秀現場裝置做報導的情況下，難免對設計師新一季服裝創意的理解失焦，分不清到底是在看服裝新意還是在看名人。而某些時候，即使服裝作品表現平平，卻因為有了別出心裁的時裝秀演出呈現（可能加入了其他表演藝術家的參與、藝人、裝飾性的話題……），依舊能獲得此場秀極高的眼球關注力與討論度；這般的現象在 2000 年前的時尚舞臺是少見的，因為過去的年代，服裝創意的本身才是王道，周遭錦上添花的玩意兒無法凌駕設計創意之上。但是，今日在大型媒體與自媒體需求新聞話題若渴的情況下（有熱門話題才能創造流量、有哏才能獲得高點讚率與分享數），一場服裝創意很棒，但無名人坐鎮的時裝秀，和一場有大牌藝人、名人們臨場，但作品卻乏善可陳的秀，哪一場能博得更大的曝光呢？我想你應該猜得到答案了！因此，對許多不擅長評斷作品優劣與否的讀者與消費者來說，無形中對於曝光度高的品牌會產生高評價的連結感也無可厚非，畢竟他們並非

專業的業內人士；反觀，不玩行銷花招，或是沒有太多預算的品牌與設計師們可能相對吃虧許多。

　　不可諱言的，只要品牌的知名度夠強大、預算與資源夠豐沛，就沒有達不成的話題製造任務。相反的，若知名度差強人意，即使擁有高預算，也不見得邀得到 A 咖級人物站臺。為什麼呢？名人的受邀出席，通常也會考量相互間的隱形價值（如品牌與自身形象的相襯度），以避免一時間為了銀子出席，長遠下卻壞了自己未來出席其他活動或運作其他個人事業的價值。話再說回來，單單為了一場秀，花得出如此大把的鈔票，若非是重量級的一線品牌，為了凸顯高端形象得奮力而戰（好打造更令人嚮往的高端獨特主張），否則在全球消費力低迷的環境下，一分一毫的花費，都得要有明確的目的性才行。

時裝秀之外的活動力

　　除了在時裝秀的議題上打響亮點，適時運用機會再推動時裝秀之外的另一波影響力，同樣是品牌們在這期間所致力達到的目標。如何順勢創造活動力與氣勢聲量，在各大時裝週期間最常看到的，從開新店、辦場主題派對、搞個展覽……等應有盡有；營造的手法必須以

一種很理所當然的「時尚」氛圍，來呈現活動的可看性；同時，前提是也必須和品牌的軸心價值與精神相呼應。

通常時裝秀前，設計師和團隊們總是沒日夜地為作品奮戰，所以在時裝秀精彩落幕後，After Party 是必要的，但舉辦形式多以自家品牌的幕後團隊們、設計師及與品牌親近好朋友們的聚會為主，對象不會擴張至時裝週上的所有媒體與貴賓們，比較像是自家人狂歡、放鬆的小型慶功宴。而規模龐大的 After Party，較常落在歡慶品牌本身或設計師加入品牌的大型週年紀念的時間點上。其中，至今讓我極為難忘的是 Dolce & Gabbana 的 20 週年 Party，那是 2005 年米蘭時裝週，於 9 月 29 日舉行的 2006 春夏時裝秀後的 After Party；這場盛宴究竟有什麼不同，能讓我印象深刻？是因為當年的紅毯名人 Elizabeth Hurley、Chloé Sevigny、葡萄牙足球紅將 Luis Figo⋯⋯等的眾星雲集嗎？當然不是。對我來說，After Party 的特別之處，不只在於節目的安排是否精彩絕倫、一場接一場，或是現場空間與音樂的安排多令人血脈賁張；而是在那場超大型聚會上，眼見所及的男男女女，各個依自我風格所做的精心打扮。那是個到處都是漂亮的人，有著恰到好處「亮麗」裝扮的一場盛宴，看得我和一同前往的國內時尚教父洪偉明一路驚呼聲不斷，而他至今也依然時不時會和我提起這場 After

Party。因為，要在一場宴會中看到所有蒞臨現場的人各個既美又會打扮，可不是件容易的事，但是 Dolce & Gabbana 辦到了。

　　另一場令我印象深刻的 After Party，並非來自當天參與者的衣香鬢影，而是動人情緒的感染。時間往前拉至 2012 年的 Lanvin 秋冬時裝秀後，時任設計師 Alber Elbaz 在他為品牌效力滿 10 週年的時裝秀上，當眾人靜待著設計師現身謝幕的身影時，布幕拉起，Alber Elbaz 致詞後，在樂隊演奏下唱著 Doris Day 知名歌曲〈Que Sera Sera〉，逗得現場所有觀秀的媒體、買家與 VIP 們滿是感動與驚喜。雖然，現已人事竟非，Alber Elbaz 和 Lanvin 之間也由愛生怨，於 2015 年正式分手（這在 2012 年之前是絕對沒人會相信的，當時買下 Lanvin 的臺灣聯合報發行人王效蘭，對被迫離開 Yves Saint Laurent 的 Alber Elbaz 伸出了信任之手，讓他有了在時尚界叱吒風雲的未來）。但那首偶而迴盪在我腦海的〈Que Sera Sera〉，使得那場 Party 的溫馨指數，依然令人難忘。

　　不可否認的，每遇整數週年紀念，是品牌最有理由做場歡樂大型 Party、製造話題的時刻，然而，要仰賴每 10 年才能來一次的議題操作，時間未免也拉得太長，太過消極行事了。所以，另一個最能趁

機製造點新聞關注力的，便是「新店開張」。

　　由於全球的四大時裝週城市，在精品市場上總有著絕對性的象徵指標，因此每逢品牌在這四大城市開了新店，或重新翻修舊店後的嶄新風采時，肯定不會放過這個可以好好宣傳的大好時機。於是，以店為單位的 Cocktail Party，邀請所有時尚人前來喝喝香檳，在店中走走、旺一旺人氣，便成為時裝週上其中一個常見的現象。若是覺得單純的開店 Cocktail Party 過於單一，和藝術家串聯的展覽抑或是限量跨界合作的商品，也都會在此期間帶來一波話題熱潮。此外，時裝週上也不定時能看到品牌為了彰顯自身歷史的深度與厚度，以品牌歷年作品、某知名產品線的週年紀念，或某項新創意來整合出的相關展覽，如 Louis Vitton 的百年行李箱展、Marc Jacobs 擔任 Louis Vuitton 創意總監的 15 週年展、Lanvin 創辦人 Jeanne Lanvin 的 125 週年紀念展……。還有來自巴黎裝飾藝術博物館（Musée des Arts Décoratifs）策劃的品牌紀念展，像是 Dries Van Noten、Madeleine Vionnet、Dior……等，其精緻與專業度的完整展覽規劃，是我跑秀期間無論有多疲累、行程多緊繃，也都得在夾縫中前往觀展的必做事項，是吸收時尚能量的重要來源之一。

金融風暴前後的時尚舞臺

9

一場風暴的席捲：2014 春夏的 Givenchy 時裝秀，以成堆如車禍現場的轎車群，
呈現截然不同的秀場反差美學。

時裝週上每場時裝秀的終了，若沒有即將換任設計師的意外消息釋出，或是基於策略考量，總是能見到掌舵一季創意的設計師謝幕揮手的畫面。這無非是能讓所有人為品牌總舵手的努力獻上致意的美好時刻，也是首席設計師享有榮光的時刻。

創意者至上的風向球

設計師最後現身謝幕的那一刻，平心而論，不論是設計師邊致意、邊緩緩走完整個伸展臺享受掌聲，或閃出半身幾秒露個身影（這是 Miuccia Prada 的標準謝幕式），總能喚起整場觀秀者群起激昂的情緒。尤其，人氣十足的王牌設計師一出場所帶起的強度，當真一點都不輸演唱會上歌手的粉絲擁戴度。我呢，當然也不例外，從手機、相機裡幾百張捨不得刪的設計師們謝幕照，就可以知道在設計師面前，我是個死忠的小粉絲，甚至光是老佛爺的謝幕照片、短影片，多得無法細數。我必須承認，年過 80 的 Karl Lagerfeld 與 Giorgio Armani 長久以來對我特別有股強烈的「圈粉」魔力，正因他們人生來到如此大的歲數，卻仍每季在創意崗位上盡心盡力、毫不懈怠的精神，讓我不被圈粉都難。

謝幕既然有如此難以述說的吸引力，那能將謝幕情緒再推上高峰的，無非是當任設計師為該品牌獻力的最後一季、最後一鞠躬。像是已故 Yves Saint Laurent 先生與同名品牌的 2002 年最後一季高級訂製服秀、Tom Ford 離開 Gucci 前的最後一場秀，以及 Marc Jacobs 之 於 Louis Vuitton、Christoher Bailey 之 於 Burberry、Tomas Maier 之 於 Bottega Veneta……等的最後道別秀。不過，另還有一場 2015 年 Valentino 春夏時裝秀的謝幕情景讓我深刻難忘；當時的雙人組設計師 Pierpaolo Piccioli 與 Maria Grazia Chiuri（兩人於 2016 年分道揚鑣，後者已接任 Dior 創意總監一職）雙雙走到如恩師般的創辦人 Valentino 先生旁，給予大擁抱的畫面，現場歡聲雷動，掌聲不絕於耳，甚至有人還感動得頻頻拭淚。雖然設計師的最終謝幕是一種定律，但還是有不好此道的設計師，如 Comme des Garcons 的設計師川久保玲、Junya Watanabe 的渡邊川；尤其現已退出 Maison Martin Margiela 的 Martin Margiela，他不僅不謝幕，連在 20 週年慶的大秀上也絲毫不見身影，媒體要捕捉到他的畫面難如登天。這些設計師似乎期望由作品發聲，不希望亮點落在自己身上，即使如此，不論有沒有設計師加入的謝幕，從時裝秀最終所有與會者獻給設計的掌聲看來，設計師蔚為品牌靈魂中心這件事，無須懷疑。

的確，從上個世紀的兩次工業革命以來，在名人穿戴效應不斷發燒，全球各類型高質感媒體崛起與強力曝光的推波助瀾下，服裝設計師的地位與日俱增，逐漸從二十世紀初一開始的訂製裁縫角色，躍升為可與藝術家相比擬的開創者地位。於是，時裝週上的每一場時裝秀，定義了一季設計師的創意思維，而在這思維下也能同時看到品牌征戰下一季時尚沙場的爆發力。

總體而論，經過上個世紀二次世界大戰後的休養生息，迎來五○年代後的新時代創意，接續著第三次工業革命的到來，因服裝工業的翩然成形，以及成衣工業製程的加速發展下，造就出時尚產業從未有過的蓬勃朝氣；而上個世紀八○年代後的設計師們，在這般時空背景下，無不卯足全力地在服裝上發揮創意。各式穿著主張琳瑯滿目地冒出來，在全球距離因交通、通訊的便捷而縮短之下，不斷交流，果然端出了「創意至上」的美好時光。不論是解構派的 Gomme des Garcons、Yohji Yamamoto、Martin Margiela；玩弄雌雄同體的 Jean Paul Gaultier；幽默諷刺的 Moschino；和走著經典仕女印象的 Dior 與 Chanel 等，為整個流行舞臺激盪出一次又一次的美麗能量。那絕對是個設計為王的時代，是設計師可以無所畏懼、展現創意的時代；連時裝秀都不一定得是一條直直而下的伸展臺、模特兒也不一定要以

臉示人的方式在伸展臺上行走（當年設計師 Martin Margiela 還在自己的同名品牌操刀時，就總是運用反轉框架的模式呈現時裝秀的整體氛圍）。但是，曾幾何時，此股創意的趨勢線卻緩緩地、慢慢地開始轉彎，而且愈轉愈烈。

創意緊縮的拐點

這條趨勢線的轉向前因，和 2007 年美國次貸風暴所引發的全球經濟衰退絕對脫不了關係。當時，從次貸風暴一路而下，到 2008 年雷曼兄弟宣告破產，一連串的世界性經濟恐慌，造成時尚界原本看似前程似錦的大泡泡瞬間破裂、崩壞，並且一發不可收拾；有如灰姑娘在午夜 12 點後，現出了原形，現出那個其實一點都不正常、市場非真的榮景無限的樣貌。原來，各個品牌在 2005 年之後不斷攀升的銷售佳績，其實是被身後全球經濟投資環境大好的假象所欺瞞，大夥兒在「感覺」荷包滿滿下的不斷消費，卻一步一步陷入危機中，當 2008 年金融風暴的引信一點燃，時尚業也引來了一場冰風暴。

至今依舊令我印象深刻難忘的，是在全球金融風暴引燃之後的第一個時裝週，我第一次看到了時尚產業的集體焦慮；難以置信的是

僅僅一季之遙，不只整個時裝週的規模瞬間急凍，連創意也凍壞了！探究原因，原來這次的金融風暴已經波及整個金字塔社會結構體中的每一個族群，從最底層到最上層無一倖免。身為成熟市場消費力指標的時尚業，是通常在不景氣時尤其能倖免於難的高端產業，也在此時同步被衝擊。就從此階段開始，創意至上的意識形態，開始轉向，發生了質變。

或許你會好奇，一定非得創意至上才能有未來嗎？答案當然是不一定的；但是若一面倒的走向市場，絕非是品牌的未來之福。就讓我用個實際的例子做解釋。

我還記得那是全球金融風暴效應依舊持續未解的 2009 年秋冬時裝週，連最具創意的巴黎時裝週在當時都變得死氣沉沉。所謂的死氣沉沉，不只是絕大多數的設計師將「用色權」收起，甚至近乎清一色地捧著無彩色系的灰、黑、白，或是暗沉至近乎黑的色調，來為一季的流行作表態。如此陰鬱毫無生氣般的氛圍，也順勢延燒至服裝的線條款式上，品牌們像似開了行前會議套好招了一般，默契十足地紛紛將小黑洋裝尊為上賓。那是我參與過的時裝週中深感最為「無聊」的一季，多場秀無聊到讓我兩眼發直、腦袋放空，是的，即使音樂聲再大，我還是看到發呆出神了！

連我在時裝秀上都看到發呆，你猜猜那一季實際的市場反應如何呢？就只有一個字可以形容——慘！各個品牌間過於相似的作品或是喪失原創力的設計，紛紛呈現銷售表現不佳或滿是庫存的狀態，以兩位數速度下跌的情況比比皆是；反倒是能在那個最困難的時代，依舊敢忠於設計理念的設計師，如 Stella McCartney 與 Balmain，出人意表地開出了高成長的紅盤。這說明了，一味自以為是地走向討好市場的路線，終將會自取滅亡。因為對於金字塔頂端的消費者來說，雖然荷包縮水了，並不代表他們從此不買，只是買得更聰明罷了（不再同樣的商品買一堆），只為了很棒、很特別的設計下手，並不會完全縮手。

　　能在創意與市場間找到平衡點的品牌，才能走得長長久久。當時的 Stella McCartney 就是個最好的例子，她總是很懂女性的穿著需求，像是如何將生產過後的女性身材缺陷收起、如何設計日夜皆宜的服裝，因此女星 Gwyneth Paltrow、歌手 Rihana、超模 Kate Moss 都是她的忠實粉絲，連薩塞克斯公爵夫人梅根結婚典禮後的赴宴禮服也是來自 Stella McCartney 的設計之手。只不過，Stella McCartney 當年風光業績的光環，近年來在街頭風潮牌如 Off-White、Vetements 等崛起後，已相形失色，新的創意翻轉在消費者心中，掀起新浪潮。懂得消

費者的心，而非自作主張地認定消費者的喜好，從這個環節注入穿著的新創意，才是品牌賴以為生的王道思想，只是在各品牌 CEO 們肩負數字的成長壓力下，究竟有多少能真正沉得住氣等待創意覺醒，或是有耐心地堅持品牌該走的定位方向，便是個考驗。

對我來說，設計師必須提出新一季在穿著上的嶄新主張（打安全牌可不叫創新，總是要有些耳目一新的點子），並且從此基調下，整合出一場聲光效果並備的時裝秀。而設計師如何讓每一位列席的觀眾，在十多分鐘的時裝秀中，感受藝術表演似的創造力、吸收一季完整訊息，便是我對每位設計師的每場秀所投注的最大期待值；他們必須以如藝術策展人般的思維，導出每一季時裝秀的核心精神。

時裝秀規模變化的拐點

除了設計師們的創意在金融風暴後備受壓力包圍，連帶時裝秀的呈現，也同樣被檢視著。在金融風暴來襲前，這些面向也是另一番榮景。

時裝週自八〇年代起進入蓬勃發展，到了九〇年代，全球化與集團化策略逐步滲透各個品牌後，Fashion 變成了一門很時髦、前景

看俏的好生意；因此，四大時裝週的擴及力也隨著全球媒體的加速發展下，進入了百家爭鳴的景象，設計師與品牌的參與數量也攀升到一個全新境界。尤其在奢侈品消費力旺盛發展的新興市場，如中國、俄羅斯……等超高速向前擴張的貢獻下，更讓時裝週上各個時裝秀的規模無所畏懼的加大，所有天馬行空的點子都值得被實現，彷彿愈有大作為的，即代表有最大的企圖心與市場影響力似地進行著。

這一個個華麗非凡的大泡泡，直到 2008 年全球金融風暴來襲，終於被一一被戳破，接二連三的衰退與疑慮陸續浮上檯面。於是，從美夢中驚醒的時尚業，開始務實地思考緊縮的必要性，無可厚非的，連同時裝週上的一場場時裝秀，也被列入了檢視的範圍。

時裝秀規模的縮小其實沒什麼大不了的，只要整個演出的過程仍在高水平之上，會受到相關影響的，似乎就僅限於入場觀秀人數減少的這件事上，是嗎？其實沒那麼單純。當整個高端消費市場急凍，會使得「做創意」這等浪漫之事，開始變得處處斤斤計較，需要加入考慮的因素，不再像過去只要能端出創意就好。創意的想法，除了來自設計師的既有美好點子，更逐漸必須考慮如何刺激消費者的熱愛、愛不釋手，甚至是朝思暮想的效忠，聽起來一點都不浪漫！

回溯 2008 年全球金融風暴發生之後的 2009 年，的確稱得上是

近二十年來，時裝週上參與者進入大洗牌的分野之年，同時也是時裝秀規模起了漣漪的開端，更是創意逐步被挑戰的分界點。怎麼說呢？就我的觀察，時裝秀雖然是設計師們敘述一季創意的表演舞臺，但是一場秀要達到設計師心中的理想程度，靠得可不只是秀導與策畫人員們的功力，最重要的是必須有足夠的預算在背後撐場。

在預算短缺的情況下，受影響的第一順位便是時裝秀規模的簡化縮小；再者，是放棄動態時裝秀，只留下靜態展；而最糟糕、也是我最不願意見到的，便是在沒錢、沒背景、沒集團撐腰下，必須完全撤守時裝週，失去發聲權（相當明顯的例子是屬小眾市場、表現良好的多位比利時設計師，如 Bruno Pieters，在 2009 年後相繼離開了巴黎時裝週的伸展臺）；甚至部分周轉失靈的品牌們，紛紛在此之後陸續宣告破產重整。

平心而論，對於品牌表現的上上下下，抑或是品牌的崛起（Burberry 在 2002 年聘任了現任的創意總監 Christopher Biley 重整旗鼓）、跌入谷底（設計表現優異的 Christian Lacroix 在 2009 年宣布破產，最終結束品牌），對我來說早已司空見慣。但是，我不免私心期望在這個創意的大舞臺中，能夠吸納多元的設計人才，讓即使是新銳或規模不大的品牌們也能有足夠的生存空間，活潑地展現豐富的流

行面向。這就像是電影工業中，除了有好萊塢龐大資金灌注下的超級大作，帶來聲光效果十足，有助於你我拋離緊繃生活壓力的娛樂片之外，仍需要許多獨立製作的影業，在非炫技的拍攝與剪輯技術中，著墨於細膩或創新的敘事手法，訴說一個個扣人心弦的故事；才不會在只重票房數字的大型影業操控下，排擠了有趣的新題材，造成電影表現形式的單一化。

這一次的金融危機，一開始有如第一次市場快篩，先篩除了資金不足的品牌；因此即使創意表現不差的，也容易在此時落下馬來。順道一提的是，這次的金融危機，也讓金字塔頂端的消費力有了意識形態上的轉變——從過去極為寬裕、不假思索的花錢方式，突然間像是打開了 Smart Shopping 的按鍵，讓過去多數人矇著眼、闊氣的瞎買行為，進入了「聰明消費」的新階段。這些金字塔頂端的消費者並不見得因為總資產受損，而縮小消費總額，事實上，損傷的一點點資產只是讓他們開始思考花費的價值，以及究竟為何而花——如何買到最值得的作品（不在乎單價，只在乎獨特性），如何找到最吻合自己身分與風格的設計，變成意識形態中的王道，逐漸影響了新一代流行舞臺的動向。如何「勾起消費者慾望」的設計，成了 2008 年繼資金充裕與否的問題之後，設計師或品牌影響力能否持續的重要指標。

試圖切中消費者心中的想望，等同於要求設計師得有前瞻性的預知力或洞悉力，好統籌出叫好又叫座的一系列作品。但是，這件事談何容易？所以，自 2008 年以降，時裝週上除了資金運轉影響時裝秀規模之外，還有另一個更棘手的議題，也是至今每一季的時裝週上仍不斷發生的──品牌設計師換手。在我進行解釋前，容我帶你先思考一個問題：如果你是個消費者，你會希望鍾愛的品牌總是在換樣子，換到讓你感到混淆嗎？我想，我們都期盼品牌能不斷帶給我們驚喜，但絕對不是詭異、茫然、驚訝，甚至驚嚇，但是一直換任設計師，多少會冒著這樣的風險。然而，為何品牌們甘冒此風險，總是一段時間就換設計的總舵手呢？這可以分兩部分來說明：一是此設計師表現不盡人意，市場反應過淡；相較於過往經營團隊總能給予設計師較長的適應期，2008 年之後，品牌總希望在一、兩季之內就能收到市場與口碑向上的成效，難度不小。二是設計師個人理念與品牌經營團隊的觀念分歧；由於全球經濟的放緩以及時尚品牌的高飽和，多屬夢想派的設計師與務實派的經營者難免各有堅持，CEO 們總想短時間內看到漂亮的營運數字，但是設計師們總有欲推動的夢想結構，這中間便會形成意見分歧與摩擦，最後導致分道揚鑣，Calvin Klein 與設計師 Raf Soimons 之間合約終止前的「難看」分手便是如此。

若你問我對現階段設計師不斷換手的看法，我的答案是：雖不樂見，畢竟單一品牌一直換人做做看會導致作品穩度不足；但是我也不會大驚小怪，因為或許有機會讓更多幕後的資深設計師（Gucci 現任設計師 Alessandro Michele 居於品牌幕後長達 16 年，最後修成正果）或是新銳有機會登上流行舞臺的投手板（當年僅 30 歲的 J.W.Anderson 接任 Loewe 設計大位），搞不好，真的能從此成為一等一的首席好手也不一定，不是嗎？況且新銳設計師一紙合約的價碼若迎來品牌翻轉機會，與任用當紅設計師的價碼相比之下，顯得異常划算呢！

　　變動實在沒人愛，但有時候，比一成不變來得更有未來價值。

Follow me！
我的時尚 IG 口袋名單

Instagram 如今是許多人的靈感來源，追蹤創意十足的帳號，讓你隨時隨地掌握新 look、新觀點，以及時尚動態。以下是部分我的 Instagtam 口袋名單。

○ 時尚 KOL

Iris Apfel
帳號：iris.apfel

Eva Chen
帳號：evachen212

Olivia Palermo
帳號：oliviapalermo

張翡玶
帳號：xoxofei

Aimee Song
帳號：aimeesong

○ 彩妝師

Pat McGrath
帳號：patmcgrathreal

Huda Kattan
帳號：hudabeauty

○ 設計師

OLIVIER R.
帳號：olivier_rousteing

Marc Jacobs
帳號：themarcjacobs

Victoria Beckham
帳號：victoriabeckham

○ 名模

Alessandra Ambrosio
帳號：alessandraambrosio

Caroline de Maigret
帳號：carolinedemaigret

Chiara Ferragni
帳號：chiaraferragni

Cindy Crawford
帳號：cindycrawford

Kaia
帳號：kaiagerber

○ 攝影師

Miroslava Duma
帳號：miraduma

Nick Knight
帳號：nick_knight

Peter Lindbergh
帳號：
therealpeterlindbergh

○ 虛擬偶像

Miquela
帳號：lilmiquela

noonoouri
帳號：noonoouri

時尚的數位未來

10

未來式的想像：設計師 Nicolas Ghesquière 對於未來世界的嚮往與熱愛，總是在服裝線條與展演場的氛圍中相互衝撞呼應；而這個有如太空艙的球體，是 2015 秋冬 Louis Vuitton 時裝秀的場地，不但酷，想像空間也無限大。

歡迎進入 Digital World ！

當傳統時尚產業遇上數位時代的襲擊，該以什麼樣的面貌相應呢？這實在是一道一時間無法找出解決之法的高難度課題。

網路現場直播影響力

在不斷加速度向前的數位科技影響下，一切事物的發展正在顛覆你我原本習慣的世界，所有的消費者也皆在不知不覺間被推著進行一場習慣的革命，向一無所知的世界邁進；不可避免的，人們長久以來養成的種種消費習慣也在無意識之中改變，而這些翻轉現象，是無論哪個產業或品牌都無法輕忽與力抗的。誰能想像在中國，不過十年間，數位科技與互聯網如此快速發展運用，已到達了當地沒有支付寶類型的行動支付，不但很難叫到計程車，甚至連買杯咖啡用現金都會被人側目的程度。臺灣呢？年輕的千禧世代甚至是 Z 世代（這些所謂原生的數位時代寶寶），則早就不再流連電視節目，從 Youtube 上找各種視頻內容成為一種常態；電視的角色當然也從有線或無線的電視節目供應者，變成了銜接電腦平臺、看 youtube、Netflex，甚至玩電玩用的最佳螢幕效果工具提供者……這一切的改變，就從一臺智慧

型手機開始，到 AI 人工智慧的盛行，一發不可收拾。

　　這股正加速進行中的現象，也正不斷影響著時尚產業，該如何找到問題的突破點，目前尚無最好的答案。因為現階段整個時尚產業的結構體，是個運行幾十年的「傳統」模式，要在短時間內打破既有的產業遊戲規則，好符合現代科技規模下的消費者習慣與思維，革命性的蛻變作為似乎勢在必行；而其中屬於先行「嘗新」部隊先鋒的，便是時裝週上時裝秀的呈現。

　　在網路尚未如此發達的年代裡，想進場親炙四大時裝週上的一場場時裝秀，並不是只要社經地位夠高就能辦到的（前段章節中已作了相關陳述），必須具備一定的入場資格、拿到入場的邀請函，才有機會近距離一探設計師的偉大新作。而拿不到入場邀請函的，只能被動地等待隔天翻閱報紙的部分整輯內容，抑或是更耐心地等待隔月月刊媒體在雜誌裡所做的詳盡報導，方能一看究竟。如以上所述，在過去的年代裡，想要取得那些影像，多僅限於平面式的報導（欲等到官方真正剪輯出的精緻影片，在當時人力物力與技術不如現在的情況下，相當耗時費日），要真正能身歷其境地感受秀場聲光、音樂、模特兒的演出，甚至是設計師謝幕的動人一刻，都是癡人說夢；因為你只能從記者與編輯的曼妙文字裡，想像時裝秀現場的氛圍。但是，曾

幾何時，因為科技快速更迭發展，看場時裝秀竟可以成為全民運動一般的簡單——「網路直播」揭開了時裝秀一直以來僅供某些特定人士（時尚編輯觀察家、買家、超級VIP）窺看的神秘面紗，也進一步逼迫傳統時尚產業再更新。

現在，不妨讓我提出一個網路直播前的特殊先遣例子做陳述。對全球時尚界的人士而言，在四大時裝週趕秀是個必要工作，然而到處奔波的辛苦指數卻也使得所有人感到十分頭痛。我們都曾幻想，若可以在電腦前看秀，那該是件多麼幸福的事，既可以避開趕秀時的風吹雨淋、大風雪或豔陽高照的毒辣襲擊；也不會愁沒位子可坐、或是因座位視線不佳，無法看清楚每一套服裝……。那樣的幻想，在Viktor & Rolf 的 2009 年春夏時裝秀上第一次被實現。Viktor & Rolf 和擁有邀請函的每一位觀秀者，相約於某日早上 10 點在電腦前，進行有史以來的第一場虛擬時裝秀，只要鍵入特殊密碼便能登入看秀。這是 Viktor & Rolf 的首次同時也是唯一一次的類線上時裝秀，是一場實驗性勝過於實質價值的時裝秀演出。為何只進行了一次？雖未有正式的官方說法，不過，當媒體的反應一般般、業界未有撲天蓋地的討論聲浪，甚至連當季的設計都未引起注目，可想而知，這個走得過快的實驗，不會再有下一季的可能了。畢竟所有的創新都必須踩在「天時、

地利、人和」的時機點上，才能發光發熱！

　　Viktor & Rolf 的線上看秀確實是一次創舉，不過看著模特兒在身旁毫無觀眾的舞臺上走秀，甚至只有超模 Shalom Harlow 一人既「孤獨」又單一的演出，而現今盛行的 AR 或 VR 技術也還無法在當時運用時，整場秀無非少了許多令人血脈賁張的真實感受，連能勾起眾人慾望的要素都沒了，當然得等待下一個更好媒介的發生。

　　還好，等待期並不長，就在 2010 年的春夏時裝秀中 Louis Vuitton、Alexander McQueen 相繼開啟了網路直播的技術，在網路上，每個人都能在數據傳輸「順遂」的狀態下同步觀秀，於是，這股風潮像是流行病般快速擴散，在一個品牌接著一個品牌不斷地加入陣容下，遍地開花。雖然線上直播時裝秀，並非利用更高規的虛擬實境法讓所有時尚人士不用奔波各地觀賞時裝秀，但卻終於促使時裝秀褪下長久以來的神秘面紗，著手擁抱群眾，進入一條只要你想，不分階級、不分是否為業內人士，人人都可以「同步」觀秀的新境界，走上再也無法返回當年「封閉性」觀秀的不歸路。

　　為何我要將「網路直播」稱作是一條不歸路？這就像是當你習慣重口味的飲食後，除非有特殊的健康因素需求，否則要重回淡然無味的飲食法，豈不困難重重？當品牌們一旦打開網路直播平臺的水龍

頭後，熱中瞬間式話題的網路世界，發酵聲浪如大水嘩啦嘩啦直直下的態勢，成就出餵養品牌端與大眾走向重口味「操作」時裝秀的開端，一去難以回頭。其實，網路直播的本質並非洪水猛獸，它不過是一種基於更大、更便利的訊息服務下，所衍生出的傳播模式；就消費者或觀賞者的角度來看，它是順應消費者需求（user friendly）下的產物，只不過，在看似完美服務的背後，無形中釀成一個個接踵而來的複雜效應，牽動著品牌銷售、媒體端以及消費者之間傳統互動關係的崩壞與重整。

餵養手機看秀成主流

一開始品牌端的網路直播時裝秀，確實讓無法親臨現場，卻又想快速得知設計師新作的我們（我也並非每場時裝秀都有票，或是並非每個時裝週都能到場），有了如臨現場般獲得最新流行訊息的可能，不再只能欣賞紙上秀。此時的網路直播，在還止於品牌端操作之下，一切尚稱良好地進行著；然而很快地，當社群媒體快速地向直播功能邁進後，便逐漸形成今日天翻地覆的產業革命狀態。細究這樣的變化，可以從品牌銷售與媒體端上做推敲。媒體端因社群媒體上的直

播功能能贏得大眾更多的眼球後，使得時裝秀上既定的看秀方式也有了大幅度的改變；原本應該好好看每一套服裝、好好在腦中歸納整理，然後撰寫的傳統規則，在直播效應贏得高擴散力後，「靠手機看秀」的日子，不只反映在每個媒體，以及所有觀秀者身上，尤其是最終的謝幕，原本該是所有人向全場演出的模特兒們、設計師與幕後功臣致意獻上掌聲的時刻，現在雖並非是完全的靜悄悄，但是如果你曾經看到秀場相關照片，就能發現，眾人拿起手機拍照的「驚人」畫面取代了以往鼓掌的溫情鏡頭。

回顧我第一次看秀時的主配備：相機、筆記本、筆；中期階段的配備：相機、手機、筆記本、筆；現階段配備：手機、手機，還是手機。在智慧型手機演化成萬能小電腦的時刻，一機在手就能完成拍照、拍短影音、發圖（發文到 Facebook 與 Instagram 上）、寫稿……等所有複雜的程序。就在一場秀發生前後的時間內，既要關注哪些名人在現場、要抓著名人或明星對著鏡頭說聲 Hi、急著拍下秀場的謝幕或服裝細節……每場秀對每個時尚編輯或記者造成的壓力，變得極為龐大，連在設計師謝幕時，能空出手來鼓掌的可能性都沒了。沒錯，當我們的手都舉著手機在錄影，若還是想表達對設計師辛勞的敬意與鼓勵，就只能憋著氣（避免鏡頭搖晃），一手錄影、另一隻手拍著自

己的大腿當掌聲了！對現在的媒體們來說，能夠好好看一場秀，彷彿像是上個世紀前的事情了，而且是很奢侈的一件事！

當網路直播一路從品牌端進入到媒體端，不能免俗地，連蒞臨現場的名人、部落客也同樣陷入網路直播的魔力漩渦中。所有人在時裝秀舉行時都為網路直播而瘋狂，這勢必會讓整個時裝秀的訊息散播力揚升到一個極為「美妙」龐大的高數字境界，而每一場網路直播的時裝秀像是嘉年華般，在網路世界中快速竄流。但這樣的竄流，同步代表業績的竄升嗎？正常猜想，應該是如此是吧！沒想到，事實上表現出的卻是令人堪慮的停滯，甚至進入衰退的銷售警示。想想看：當所有人都看到最新的時裝秀後，誰還會想要近期才掛在架上、前半年時裝秀展出的新品？然而，那場才下秀的時裝秀新作，卻得經過半年傳統的製造生產期才能送到架上，實在快不起來。這原本只發生在媒體和專業買家間的季節錯亂感，因為網路直播的影響，免不了的也擴及到一般大眾身上了。

這是整個服裝產業行銷操作時，始料未及的後果。但是網路直播會因此終止嗎，當然不會，它或許會逐漸進入消退或演變出新模式，但是無論如何它已經刺激時尚業必須進入真正的產業革新，好為停滯的市場找尋新出路的階段！

即看即買能奏效？還是該有更革命性的策略！

　　每一季時裝週醞釀的，若用一種夢想式的說法來形容，它是個促成新作品展現的超炫麗舞臺；但若以務實性的說法來解釋，那其實是個商業競爭的超大平臺，所有設計師們在同一時間一同繳交新一季的成績單，而這成績單究竟能不能贏得滿分，端賴作品能不能贏得滿堂彩而定。但是即使賺得了滿堂彩，就代表品牌的當季業績會荷包滿滿嗎？在 2010 年以前，答案可能多是正相關的；今日卻在數位科技發展所牽引出的複雜因素環繞下，實在很難料得準，尤其當網路直播所揚起的連鎖效應，已經陸續造成銷售上的龐大壓力。

　　時裝週上的網路直播與社群網絡的效應到底是不是當今流行產業的毒藥，我無法在此時貿然斷定，不過可以確定的是，它的效應已經逐漸翻轉整個產業，怎麼說呢？就如同我在上一個段落所表述的，當新一季時裝秀在網路上鋪天蓋地發送到世界各個角落時，這意味著最新、最美、最有話題的新設計，也正在網路世界的各個角落搶奪你我的目光。我必須再三強調的是，這些新設計原本是為了時裝秀發表會所完成的，是為了買家們下單與眾媒體的前端歸納採訪趨勢之用──正常這些商品要來到一般消費者眼前，得經過 4~6 個月的製作時

程。感覺好久是吧！但是這套製作流程從第三次工業革命以來，便運行至今，一時之間要打破談何容易？畢竟從上游的養羊、養牛、採棉花，到中間的布料與皮料的製作開發，直至最後端的設計師運用製作出一季一系列的服裝作品上秀供買家們下單，下單製作完成再運往各區域銷售點，而為求高品質的呈現，實在很難像快時尚的品牌們（不斷採擷或說是參照當季一線品牌受關注的趨勢，進行款式複製或小幅度的改款製作）那般，每一週或每兩週就進新貨——一線品牌的縝密製作與高品質要求，無法隨意讓上、中、下游之間的生產週期縮短，畢竟品牌並非擁有製作工序的一條龍作業系統，也就是並非自己擁有所有的製程配合單位。（你想想看，若全然擁有且自產，得投入的投資成本有多大？）

當時裝秀的網路直播成為整個時尚圈最 in 的必然事項，所有蒞臨時裝秀的每個人也用手機看秀（利用手機軟體進行小型的直播或訊息傳遞），所有觀看者對剛剛進行的時裝秀超有感是必然的，對過了半年後才剛剛到櫃位上架的當季作品無感，就是隨之而來的後遺症。只是，這些原為時尚業內核心人士得承受——「對當季上架」沒 fu 的一種特殊職業病（但是他們對時尚的沉醉度仍不減購買力，這也是業內人士共有的功力），卻因為網路直播後成為一種擴散力強大的

「流行病」。大夥兒萬萬沒料到的，是流行病竟然也一步一步地讓消費者對當季無感了。對剛看到的下一季時裝秀持有滿到爆表的印象分數與狂熱度，導致消費者面對專櫃上才熱騰騰上架的款式時，心中產生混淆誤解且覺得不新鮮的過季「臭酸」感受（那是一種他人無法隨便改變的個人直觀心境），進而逐漸演變出購買力不振的後果，在各品牌間襲擊。

事實上，如果將業績不振的問題全然推到網路直播與社群網絡上，似乎也有欠公道。畢竟，全球經濟的長期低迷、中國禁奢令的持續、全球精品品牌數量的爆炸……等，也都是間接使各個品牌銷售下滑的因素之一。只是消費者行為在手機與數位科技的開發刺激下，已在潛移默化中逐步轉向；試想，當你覺得這件衣服感覺上是好久以前就看過的，看到它在架上時，能夠激起你想購買的衝動有多少呢？除非是時尚產業之人，因為長期在這樣的狀態下工作求生存，所以面對這樣的感覺會有打了預防針般的免疫力，並且還能在當季依舊下手熱門商品。可是對於少了預防針的一般大眾，要他們花大錢敗下一件心中感覺已經是「太舊」的當季作品，談何容易？

此外，網路直播與訊息的快速傳遞，確實也讓全球中小型品牌有更快的速度可以抄襲一線品牌設計師的部分創意，並能以更低廉的

價格銷售；這無非也衝擊了對時尚品牌忠誠度較低的族群，放下對一線品牌的效忠。一線品牌只能更集中在更少數的 VIP 與族群上，而為了對接年輕新世代們，品牌得耗更大的力氣吸引他們的眼球，淪為一臺「潮味」製造機。長此以往，品牌真的能長長久久地奠定根基，還是又只是一陣煙花，當火滅了，人也走了？還是煙花能永留他們心中？對今日的品牌們，他們只能不斷嘗試。

　　因此，為了因應消費者行為的改變，品牌們從數字分析中，力求找出一條康莊大道，「即看即買」的口號，順勢而生。即看即買的遊戲規則，顧名思義就是當下在時裝秀中展出的最新設計，在秀後立刻能自零售點上立即購入。聽起來顛覆性十足嗎？猛然一聽的確像是一場革新，但若仔細探究整個運作的過程，事實上依然依附在既有的產業結構中，只是做了四十五度轉彎的思考罷了——把原本下單的時間向前挪移——卻成為行銷策略的主力工具。消費者買單嗎？一開始的確話題十足，也帶起了強大銷售力，但是這股氣勢似乎也逐漸消退，或是進入轉型（截至本書撰稿期間，市場上對於即看即買這套作法的成效，依舊存疑，甚至連媒體對它的關注也變得興趣缺缺）。而傳統時裝秀之中，「事前觀看」與「事後下單」這種優雅的等待，從本質上被「即看即買」這種話術大大地削弱，蛻變成了一場嘉年華會，一

場品牌的造勢活動，甚至更貼近當季中品牌在各個零售點中所做的 Trunk Show* ，只是規模大上了幾十倍、百倍。單純為買家與時尚媒體展示的原生時裝秀，似乎已快速式微。

　　即看即買的確是 2015 年底時尚產業喊出的新口號，但是可能很多人都忘了，曾經有個位居 Pinko 集團中的小品牌 Uniqueness，早在 2012 年春夏便於設計師 Alessandra Facchinetti（曾在 Gucci 與 Valentino 短暫擔任設計師一職）的策動下，結合了線上與線下取貨的即看即買概念（只是此品牌非舉行伸展臺式的時裝秀，而是以類靜態發表會的方式呈現）；當時，這件事在時尚編輯們之間討論度很高，還真的有人在時裝週期間看了新品後，立即下訂，果不其然地在離開時裝週採訪前，便取得了最新一季熱騰騰剛展出的作品，這在當時可是聽起來很炫的作法！只可惜，這個策略僅執行一年多的時間，在設計師被 Tod's 相中，轉而擔綱其創意總監後，一切喊停（Alessandra Facchinetti 也已在 2016 年與 Tod's 分手），否則，若 Uniqueness 能運作至今日，或許已有一番驚人作為也說不定。

---

*Trunk Show：過去將皮箱內所有新作品攜來於店上或小型場域中，針對品牌 VIP 與特定族群所做的小型發表會；猶如部分老電影中曾顯示，模特們會手拿每一套服裝的號碼牌走秀，讓客人看了後方便下訂。

過往，時尚圈中最大張旗鼓打著即看即買旗幟的，以 Burberry、Tom Ford 最受矚目，尤其當設計師 Christopher Bailey 尚未離開 Burberry 之前，便是唱著「即看即買」口號的最大執行者。也就是他徹底執行在 2 月時裝週展出的是春夏系列，而非一般應是半年時程後的秋冬作品，然而他所得背負的風險是所有時尚媒體已在 2 至 5 月號雜誌間，盡情曝光最新春夏設計（雜誌的製作期也是向前推行製作時程，如 3 月號雜誌可能在 1 月間便近乎執行完成），Burberry 卻在 2 月間才姍姍來遲的上秀，不論是傳統媒體、自媒體都會對 Burberry 的作品感到陌生的情況下，是否能因為一場倫敦時裝週上的時裝秀帶起全球業績，難度實在太高；就如同我前面所言，轉型是整體時尚工業必須一同改變才有可能促成的。靠單一品牌作業，便會有如螳螂獨臂擋車，無非是自我犧牲罷了。果然，成效只在一開端叫好，最終在不如預期後，Christopher Bailey 下臺一鞠躬。而隨後接手的 Riccardo Tisci，則將即看即買的模式做了點聰明的轉彎，並非大張旗鼓地把時裝秀上的一切採即看即買的形式，而是將選擇性的新系列作品，在社群平臺上發布與 24 小時的限定銷售。策略轉彎後，風險看來下降許多，只不過這樣的轉彎，實質上多少又轉回到傳統結構的路上，像是將商業性的系列，做一種行銷操作罷了。

至於 Tom Ford，不同於 Burberry 的是，其訴求的是更金字塔高端的小眾客層，因此朝向即看即買邏輯邁進的策略，的確值得一試，只不過 Tom Ford 在嘗試了一季之後，也已在 2017 年放棄了這項計畫。當然，除了 Burberry、Tom Ford 曾是即看即買的前行發言者，紐約時裝週上也不乏曾勇於嘗試的設計師們加入陣容，不過他們相當務實地只以部分系列作品作為測試，像是 Michael Kores、Proenza Schouler、Tommy Hilfiger……等。對於各個品牌而言，如何在時裝週之後，讓討論熱度持續，並且勾動當下與未來銷售力道是最重要的任務，但是，哪個方式最為奏效，想必只能不斷的一試再試，敢試總比不試來得好。只是一切的嘗試要等到開花結果的一天，必須等到整個產業已經準備好轉向了，才有可能發生。

數位之下的新時代多工亂象

　　參與時裝週超過 15 年，有幸看到時裝週如今進入到一種全然失控的狀態，其實也是一種難得的經驗。怎麼說呢？因為，原本應該專注各個專業、各司其職的工作者們，在手機與行動數據的快速發展下，已不得不「分心」，或是讓其他角色多掛在自己身上，以提高自

己的工作效能，或是業界的影響力。

　　最明顯的首位被影響者，必然就是品牌創意掌門人——設計師了。基本上，設計師的主要任務，在於稱職地將創意工作打點好，多餘一點的周邊工作不外乎是：每場時裝秀結束時出來揮揮手致意、秀後接受採訪，頂多偶而為了品牌的擴張，飛到一些特殊活動的現場造勢。然而現在，設計師顯然已成了品牌行銷端的重量級專業「明星」，雖然無法硬性規定設計師們需全然配合（設計師常和藝術家一樣，有不少堅持的 do & don't），但是他們涉獵的範圍已經逐漸擴充，像是參加許多非自家品牌端的造勢活動或宴會、執行跨界合作⋯⋯等。在社群媒體強盛的今天，設計師還得經營自己的 Instagram、Twitter 或是 Facebook，尤其時裝秀前後的發文，更儼然是衝高粉絲流量的最佳宣傳方式。試想，連美國總統川普都被外界諷刺他以 Twitter 治國（意指川普經常不透過幕僚系統，而以個人的 Twitter 帳號發表重要言論），設計師本人也不得不得像個網紅般，不再只是過往以設計專擅領軍的傳統樣貌，或是時裝秀後只要接受採訪曝光即可，該進行「分享」的事物可是多上許多。

　　能全然接受時代更迭，將自己的角色做變化的，多是屬於年輕世代、習慣網路世界的設計師；如 Balmain 的設計師 Olivier Rousteing

便是 Instagram 的重度使用者，我觀察他每天從一醒來到入睡前，總是不斷在自己的 Instagram 粉絲頁上分享著周遭的所見所聞，其中當然不乏和明星、名模好友們的互動，熱中經營下，粉絲數已高達 540 萬，驚人吧！影響力可一點都不輸給明星們。而他的高度影響力也讓之前 Balmain 與 H&M 的合作，掀起討論熱潮。但平心而論，將自己的生活點滴毫不保留地攤在眾人面前，並不是每位設計師都能適應的，所以多數資深設計師依舊保持半推半就的態度，或是由專人代為管理粉絲頁，可見粉絲專頁之於設計師的重要性，已經讓設計師扮演角色的多元性，再上一層。

除了設計師得有如八爪章魚般地拚命工作著，其實品牌的行銷公關人員也何嘗不是？以前的行銷公關人，多是在時裝週期間處理時裝秀的相關演出與採訪事宜即可；但是今天，當設計師的工作要項變得和時尚編輯們一樣複雜，品牌曝光需求在數位環境下被要求要多多益善，他們必須為時裝秀找出更多哏、製作更多的報導素材，才能在時裝週品牌消息滿天飛之際，衝出重圍，獲得高度的關注力。如何為一季時裝秀規劃出好點子，除了最簡單的邀約名人到場，如何讓所有媒體與社群媒體能在短時間內擴大新聞的發酵力，已經變成一道既辛苦、又難度頗高的功課。而品牌的行銷公關人，更經常得在睡眠時間

之外，不斷地監控社群媒體上的變化，以獲得良好成效；對了，連代為管理那些不愛自己經營粉絲團的設計師的帳號，也成為品牌行銷公關的另一項任務。

　　既然設計師與行銷公關都已擴充了工作範圍，沒理由媒體們還能安然自在地過日子；事實上，媒體的痛苦指數，不但一點都不亞於前兩者，在時裝週期間的悲苦慘度，堪稱到達了最高級數。怎麼說呢？基本上，媒體們各自得依各家讀者屬性，在線上策動關於時裝秀的所有內容：秀前的現場裝置、名人蒞臨、時裝秀進行中的狀態、秀後的設計師或名人專訪、showroom 的近距離賞析新一季作品、趕秀中隨手街拍名模或部落客們……，在時裝週的每一天、每一場秀，該發的圖片、即時訊息、影片、專文……，工作量大到每位到場採訪的編輯或記者，幾乎人人都疲憊不堪；而想要好好坐下來看一場秀，或好好地在設計師與模特兒們謝幕時拍手致意，都成了最奢侈與浪漫的願望。

　　媒體前端記者的苦不堪言，理所當然地也拉下同行的攝影師們一起「共襄盛舉」。其實，並非所有攝影師都加入「慘慘俱樂部」的一員，部分拍攝時裝秀的大牌攝影師尚能保持舊有的工作模式。而和前端記者一樣需要拚命找發稿素材的攝影師，有的不但要拍時裝秀，還

要趁時裝秀開場前捕捉前來的大名人，或是秀後離開前在場外等著散場出來的名人、名模的身影……，攝影師一天拍出大量的照片，然而能用上的微乎其微，但還是得用力賣力地按下快門，絲毫不能鬆懈；甚至更驚人的，部分區域的攝影師除了拍攝平面畫面，還兼任動態影音的拍攝，瘋狂吧！

前面四者，只是我從時裝週上所舉出焦點角色在環境劇變下的多工例證，其他相關聯的工作夥伴其實也都面臨同樣的情況。這是一種常態嗎？我想，在大環境尚未找出更有效解決目前全球獲利模式困境與發展之前，多工應該會是一種無法擺脫的惡夢（甚至此現象也在其他產業逐漸發酵）。即便如此，換個角度想，在無法擺脫之時，不妨抱著開放的心胸接受它，並且抱著多方學習與調整個人作業節奏的方式，你會發現，原來做事與思考的邏輯力可以有意想不到的爆發力，會有向上大跳一階的進化。事實上，會有如此的論調，是當我同步接受媒體平面與網路上沖下洗的新趨勢統籌洗禮後的感受；我的確更忙、的確一個人像是當三個人用，但是，我努力堅守自己想要的生活節奏，以及堅持學習該學習的，沒想到，我的大腦逐漸轉化出一套過去意想不到新運作邏輯，而這應該就是所謂的進化，因為刺激、因為困難、因為堅持，而逼出人的新能力吧！在此，似乎得推崇一下達

爾文的進化論——適者生存、不適者淘汰！這套理論在當今數位的時尚舞臺上，正血淋淋地發生著。

網路發達的年代裡，時裝週能繼續嗎？

「時裝週會不會有一天就消失了？」這是近年來全球時尚圈人士經常在茶餘飯後聊的話題。世界的變化快得讓人迷惘，科技不斷加速度發展，傳統時尚工業的各個操作面向逐漸受到挑戰，過去一百年來從設計、製造、銷售的既定流程不但即將被顛覆，整個時裝週是否也將面臨重整或崩壞呢？這是個開放性的問題，截至目前為止，我尚無最好的答案，然而我只能在時裝週的現在與未來存在性的觀察上，進行大膽的假說。

如同前面所有章節中所陳述的當前時裝週現象，它有如各類型商展般的重要性是無庸置疑的；但是形式上，未來的變化值該往哪裡走，這不僅是時尚產業得關心的，更應是所有商展系統皆會面臨的課題。只是就時裝週來說，它的結構體與影響的相關層面既快且龐大。一般商展模式，最基本的影響層面是訂單上的表現，也就是產業中最直接受益的面向；當然，同步也間接造就了像是從世界各地飛來觀展、

參展者所需花費的旅行、住宿、交通與膳食上等各個項目的支出，能在展區地刺激出不小的商業活動力。而相對應到時裝週上，則不單是一般商展的間接性延伸，其還向外擴充至更難以想像的範疇，簡單歸納，像是承包時裝秀的製作公司、公關公司，時裝秀裡必要角色的模特兒、化妝師、髮型師……等，一場時裝秀所帶起的相關經濟規模之大，也絕非一般商展所能比擬的。而串聯所有時裝秀的時裝週，其對當地生計的影響，或是為產業帶來的正向動能，更蘊含著不可輕忽的重要意義。如果誰隨意提出終止時裝週的模式或存在，你想想，全球時尚業會掀起什麼樣的慘烈後果呢？實在難以想像。

相反的，難道因為時裝週影響了龐大的經濟活動規模，時裝週就能躲過時代向前的推進力嗎？從過往時尚工業在第二、第三次工業革命後的演變，你就能得知這樣的猜想是不切實際的；千萬別像鴕鳥將頭埋在土裡就認為安全，只要不碰觸此令人困惑與焦慮的議題，就能躲得過時代變遷列車的逼近。在第四次工業革命後，它必然會轉向，只是不確定會需要花多長的時間轉向、該怎麼轉罷了！所有人都應該以開放的心態面對，並嚴陣以待。

現階段的時裝週，依我的觀察，當然還未到生死存亡之交。只是在一項項科技研發更新的影響下，參與時裝週的品牌們被迫不再能

關起門來、阻隔外力自作主張地決定一切；敞開大門成為趨勢所在，傾聽市場與大眾的聲音，變成非做不可的事。如此變化，實已偏離服裝產業從二十世紀初至今針對特定群眾所做的 Trunk Show 形式，以及時裝週自八〇年代後，以業內人士為主的溝通邏輯。現在，因為智慧型手機的高畫質與高便利性，以及社群媒體的高擴散力，進而使時裝秀原本限於特定受眾才能入門觀賞的模式，逐漸發展到線上同步直播時裝秀的態勢。時裝週期間每一天、每一場秀的產生，都以零時差的同步模式，快速地在網路上散布著，只要你打開手機、打開網路，所有最新的時裝秀，便能直送到你的眼前。這是當今時裝週的現象，而這般光景也不過是 2010 年後快速進展而來的。

　　對於被動吸收訊息的消費者端而言，立即看到最新的時裝秀必然是令人興奮萬分的。反觀，對提供訊息的品牌與媒體來說，卻是個恐怖的過程，而且這令人不勝負荷的恐怖狀態會一路延伸到終端商品上架的銷售，壓力絕對也是呈倍數加乘（參考第 161 頁，「數位之下的新時代多工亂象」）。因此，資深設計師如 Jean Paul Gaultier（2015年春夏後）、Viktor & Rolf（2015 年秋冬後）最終選擇放棄不斷加速度發展的時裝週與相對應的成衣市場，轉而回到原始慢速高端訂製服的高訂週，重回單純做精緻服裝的本質上，再度擁抱那個不被一堆未

竟的設計系列追著跑、不被高成長數字的要求追著跑的日子，只要穩穩地做設計、完成每一件顧客委託的任務就好。未來，還有多少設計師會加入 ready-to-wear（成衣）時裝週的逃兵之列，我無法預估，但是這個因科技發展，而讓高端時尚益發像是新蛻變版本的高階版「快時尚」的趨勢，該如此繼續推衍下去嗎？時裝週又該以什麼樣的姿態進化呢？時裝週如何才能得到最大的便利性與市場性呢？

首先，我們先來設想，當時裝週在愈來愈注重觀賞者的傳播力，以及如何在網路世界熱熱鬧鬧地宣揚時裝秀主張時，訴求花俏式的影響力也凌駕至商展邏輯的訂貨價值之上；時裝週的意義，無非成為一個提供聚集一等一高質量時裝秀的平臺，品牌們來這兒做秀，無非是為了加深與時尚產業的「共榮」聲量。但是，只剩下這般價值的時裝週，真的會讓所有高階品牌或設計師們依舊願意成為當中的一員嗎？如此，各個品牌所獲得的相對利益夠高嗎？

我會提出一籮筐的問句，是源於近年來 Chanel、Louis Vuitton、Dior、Gucci、Prada……等高端品牌紛紛對偏商業性的早春（Chanel 稱為工坊系列）或早秋（亦被稱為度假系列），經常聲勢浩大地選擇在不同國家的特殊地點作秀。由於每個系列只有單一場，品牌總是費盡心力將全球重量級媒體、部落客、名人與 VIP 們帶至當地看秀，即

便所費不訾（若未談特殊合作，通常媒體或一般部落客參與時裝週的費用皆是由品牌擔負費用前往），但唯有將所有人關在一處看秀，才能收到最集中火力的 Facebook 與 Instagram 上的全球洗版強度，宣傳力既完全貼合品牌調性，網路轉發文或訊息的力道往往也不僅限於一天或一篇而已。所獲得的關注量，絕對比在一年兩季的時裝週更為密集且專一，不會快速被下一個品牌的時裝秀給立即淹沒了。但是，若四大時裝週上的服裝公會能因時制宜想出未來的應對之道，讓品牌們依舊認同留在此地做秀的價值時，我想，時裝週依舊可以繼續前行。

　　另一個問題是，若時裝週可以繼續存在，但是在科技解決了時尚人士得如候鳥般每年兩次的飛到四大城市看秀、下單的問題時（在此先不考慮以虛擬取代實體時裝週會減少多少當地相關產業的收入），品牌們為了節省預算以及提高效能，也決定讓時裝秀可以讓所有人輕輕鬆鬆在家守在電腦前，舒舒服服地看秀，有如親臨現場般的感受時，會需要什麼樣的科技做輔助？ VR 技術的純熟是必要的，好讓每個人從戴上 VR 頭盔的那一刻，就有如來到了精心打造的時裝秀場中，你還能和世界各地同時間上線的媒體與名人們閒話家常等秀開場。當然虛擬的秀場環境，必須得讓百年來的實體秀場空間的規劃權，換上由數位影像的工程師們捉刀打造，聽起來不可思議嗎？你想

想，當線上遊戲已經跨入高段數的虛擬世界邏輯時，時裝週的虛擬時裝秀還算是天方夜譚嗎？只是，這一切或許還得經過十幾年的演化才會達到最好的樣子，甚至必須得有相關遊戲規則的精心策畫才行。當時裝秀真正進入了虛擬的感官時代，可能還有更有趣的事情即將發生，只不過這「有趣」將帶來什麼樣的背後壓力，在於所有業內外人士是否對相關的前進思維已經做好準備了呢！

———

　　時間的洪流，總是不留情面地在各個時代、驅動環境中所有的人事物往前走，沒人有特權可以躲得過一場又一場的革新與革命。對於總喜歡沉浸在各類型歷史故事中找樂子的我來說，看著專家們在各自不同領域專精地記錄過往環境變化的軌跡，能帶來新能量與認知上的啟發。只是，當變化中的點點滴滴，進行劇烈轉換，而我也是身在這股運轉期歷史大浪中的小小一員時，說真的，茫茫然、無所適從、擔心、害怕，甚至憤怒……等，各種你想像得到的情緒，都曾在我與周遭所有人的身上，時好時壞地交互竄流著；這些情緒和看著歷史觀察書籍論述時旁眼靜觀的冷靜，完全無法相比擬。

　　我不禁靜下來沉思：這樣的感覺是怎麼來的？應該是集體的「未知焦慮症」吧，而這樣的徵狀對原本工作步調就快過其他產業的時尚界，以及和時尚新聞動態連結甚深的媒體界而言，更造就出高於其他傳統產業轉型時更大的衝擊，甚至這樣的氣息也散播到末端視聽大眾的消費者身上。

如果你問我，變動好嗎？我喜歡變動嗎？一部分的我會說：我一點都不喜歡變動，因為對身心靈的壓迫實在太大，因為得不斷催促自己向前；但是另一部分的我卻又會說：變動很棒啊！表示會有新的可能發生，環境不會只是一灘死水，甚至還會重生……，像是二次世界大戰後全球經濟蕭條低迷，在重整後，迎來了世界的新榮景。

　　如何戰勝對於未知的焦慮，能做的就是不斷充實自己的技能、開放性的觀察環境與思考，並且打開心胸的接受變化。我想，雖然我也難免擔憂，但是就曾經看過的、描繪過去歷史論述的書籍，所印證出的故事都是一次次黑暗轉換期後迎來的榮光：或許，打開窗、望向窗外的世界，展開雙臂迎接一切的好壞，時尚舞臺的燦爛，將在展開的一連串蛻變與革新的過程中，持續發光，你我也將獲得一段「美好旅程」的洗禮而成長！

2019 年 7 月 2 日於巴黎

Fashion Week臺上臺下

從搶秀票到After Party，時尚產業「哇」聲幕後的商機與心機

作　　者　廖秀哖
攝　　影　廖秀哖

總 編 輯　王秀婷
責任編輯　李　華
版　　權　張成慧
行銷業務　黃明雪

發 行 人　涂玉雲
出　　版　積木文化
　　　　　104台北市民生東路二段141號5樓
　　　　　電話：(02) 2500-7696｜傳真：(02) 2500-1953
　　　　　官方部落格：www.cubepress.com.tw
　　　　　讀者服務信箱：service_cube@hmg.com.tw
發　　行　英屬蓋曼群島商家庭傳媒股份有限公司城邦分公司
　　　　　台北市民生東路二段141號2樓
　　　　　讀者服務專線：(02)25007718-9｜24小時傳真專線：(02)25001990-1
　　　　　服務時間：週一至週五09:30-12:00、13:30-17:00
　　　　　郵撥：19863813｜戶名：書虫股份有限公司
　　　　　網站：城邦讀書花園｜網址：www.cite.com.tw
香港發行所　城邦（香港）出版集團有限公司
　　　　　香港灣仔駱克道193號東超商業中心1樓
　　　　　電話：+852-25086231｜傳真：+852-25789337
　　　　　電子信箱：hkcite@biznetvigator.com
馬新發行所　城邦（馬新）出版集團 Cite（M）Sdn Bhd
　　　　　41, Jalan Radin Anum, Bandar Baru Sri Petaling, 57000 Kuala Lumpur, Malaysia.
　　　　　電話：(603) 90578822｜傳真：(603) 90576622
　　　　　電子信箱：cite@cite.com.my

製版印刷　上晴彩色印刷製版有限公司
封面設計、版型　楊啟巽工作室

城邦讀書花園
www.cite.com.tw

2019年　8月6日　初版一刷
售　　價／NT$ 380
ISBN　978-986-459-198-5
Printed in Taiwan.

國家圖書館出版品預行編目資料

Fashion Week臺上臺下：從搶秀票到After Party,時尚產業「哇」聲幕後
的商機與心機 / 廖秀哖著. -- 初版. -- 臺北市：積木文化出版：家庭傳媒
城邦分公司發行, 2019.08
　面；　公分
ISBN 978-986-459-198-5(平裝)
1.服飾業 2.時尚
488.9　　　　　　　　　　　　　　　　　　　　　　108011468